Rinki R. Yadav
Poonam B. Chauhan

Identifizierung und Nachweis von E. coli, die ESBL produzieren

Rinki R. Yadav
Poonam B. Chauhan

Identifizierung und Nachweis von E. coli, die ESBL produzieren

ScienciaScripts

Imprint

Any brand names and product names mentioned in this book are subject to trademark, brand or patent protection and are trademarks or registered trademarks of their respective holders. The use of brand names, product names, common names, trade names, product descriptions etc. even without a particular marking in this work is in no way to be construed to mean that such names may be regarded as unrestricted in respect of trademark and brand protection legislation and could thus be used by anyone.

Cover image: www.ingimage.com

This book is a translation from the original published under ISBN 978-3-659-87464-2.

Publisher:
Sciencia Scripts
is a trademark of
Dodo Books Indian Ocean Ltd. and OmniScriptum S.R.L publishing group

120 High Road, East Finchley, London, N2 9ED, United Kingdom
Str. Armeneasca 28/1, office 1, Chisinau MD-2012, Republic of Moldova, Europe
Managing Directors: Ieva Konstantinova, Victoria Ursu
info@omniscriptum.com

Printed at: see last page
ISBN: 978-620-8-64435-2

INDEX

Einführung

1.1 Definition

Extended-Spectrum-β-Laktamasen (ESBL) sind Plasmid-vermittelte Enzyme, die von vielen gramnegativen Bakterien der Familie der Enterobacteriaceae produziert werden und die eine bakterielle Resistenz gegen die meisten Beta-Laktam-Antibiotika übertragen können, einschließlich Penicillin, den Cephalosporinen der ersten, zweiten und dritten Generation und dem Monobactam Azetreonam (nicht aber den Cephamycinen oder Carbapenemen) durch Hydrolyse zu verleihen und die durch β-Lactam-Inhibitoren wie Clavulansäure gehemmt werden. Dabei *sind Escherichia coli* und *Klebsiella pnuemoniae* die beiden häufigsten ESBL-produzierenden Bakterien (Paterson *et al.*, 2005). ESBL-produzierende Organismen sind auch in der Lage, die Anfälligkeit für andere antimikrobielle Klassen, die *nicht* zu den β-Laktamasen gehören, wie Aminoglykoside, Fluorchinolone, Trimethoprim-Sulfamethoxazol, Tetracycline und Nitrofurantoin, zu verringern, so dass die Auswahl an therapeutischen Mitteln begrenzt ist (Winokur *et al.*, 2001). Das Auftreten dieser β-Laktamase (ESBL)-produzierenden Bakterien mit erweitertem Spektrum ist heute ein kritisches Problem bei der Entwicklung von Therapien gegen bakterielle Infektionen, insbesondere bei Harnwegsinfektionen und nosokomialen Infektionen, die weltweit zunehmen (Rampal *et al.*, 2008).

1.2 Die globale Epidemiologie von ESBLs

Die Epidemiologie von ESBL-bildenden Bakterien ist recht komplex. Zunächst sind mehrere Ebenen zu berücksichtigen: das weiteste geografische Gebiet, das Land, das Krankenhaus, die Gemeinde und der Wirt (in den meisten Fällen ein einzelner Patient oder ein gesunder Träger). Hinzu kommen die Bakterien (*E. coli* ist eher endemisch und *K. pneumoniae* ist eher epidemisch) und ihre mobilen genetischen Elemente, meist Plasmide. Darüber hinaus gibt es zahlreiche Reservoirs, darunter die Umwelt (z. B. Boden und Wasser), Wildtiere, Nutztiere und Haustiere. Die letzte Komponente ist die Übertragung durch Lebensmittel und Wasser sowie durch direkten oder indirekten Kontakt (von Mensch zu Mensch) (Oteo *et al.*, 2006; Mesa *et al.*, 2006). 1983 wurde das erste ESBL in Deutschland identifiziert, und Anfang der 1990er Jahre traten die ersten nosokomialen Ausbrüche auf (Rice *et al.*, 1990); bald darauf wurde festgestellt, dass sich ESBL-produzierende Bakterien vor allem in Entwicklungsländern ausbreiten.

1.2.1 Schweden

Aus internationaler Sicht ist der Einsatz von Antibiotika, insbesondere von Breitspektrum-Wirkstoffen, in Schweden begrenzt (Cars *et al.*, 2001). In den letzten Jahren gab es auch größere nosokomiale Ausbrüche von klonalen ESBL-Stämmen: einer in einer Neugeborenenstation mit ESBL-bedingten Todesfällen (Lysly *et al.*, 2008). Wie in den meisten Teilen Europas wurden die folgenden Enzymtypen gefunden: CTX-M Gruppe 1 überwiegt (67 %), gefolgt von CTX-M Gruppe 9 (27 %), obwohl auch andere Typen gefunden wurden, z. B. CTX-M Gruppe 2 und TEM- und SHV-Enzyme (Onnberg *et al.*, 2008).

1.2.2 Europa

Neue TEM und SHV-Enzyme entwickeln sich in Europa weiter, und es wurden spezifische epidemische Klone gefunden. Es gibt deutliche Unterschiede in der Prävalenz von ESBL-produzierenden Enterobacteriaceae in Europa. Isolate mit der CTX-M-9-Gruppe sind in Spanien weit verbreitet, und Stämme mit den CTX-M-3-Enzymen wurden vor allem in Osteuropa beschrieben, obwohl Klone, die CTX-M-Gruppe 1 (einschließlich des CTX-M-15-Typs) produzieren, in ganz Europa am weitesten verbreitet sind (Conton *et al.*, 2008). Heute sind *E. coli* und die CTX-M-Enzyme bei ambulanten Patienten keine Seltenheit mehr.

1.2.3 Afrika

Die erste Studie über ESBL in Tansania wurde 2001-2002 durchgeführt und analysierte Blutisolate von Neugeborenen. Es wurde festgestellt, dass 25 % der *E. coli* und 17 % der *K. pneumoniae* ESBL produzierten, hauptsächlich die Typen CTX-M-15 und TEM-63 (Blomberg *et al.*, 2005). In einer neueren Untersuchung, die in einem Tertiärkrankenhaus in Mwanza, Tansania, durchgeführt wurde, betrug die Gesamtprävalenz von ESBL bei allen gramnegativen Bakterien (377 klinische Isolate) 29 %. Die ESBL-Prävalenz betrug 64 % bei *K. pneumonia* und 24 % bei *E. coli* (Mshana *et al.*, 2009).

1.2.4 Der Nahe Osten

Die Gesamtdaten über ESBL-produzierende Enterobacteriaceae in den Ländern des Nahen Ostens verursachen eine globale ESBL-Pandemie. In einer Studie über *E. coli*-Isolate, die in den Jahren 1999-2000 in fünf Krankenhäusern in Ägypten gesammelt wurden, wurde festgestellt, dass 38 % gegen Cephalosporine der dritten Generation resistent waren (EI ksoly *et al.*, 2003). Eine weitere Untersuchung, die 2001 in diesem Land durchgeführt wurde, ergab, dass 61 % der *E. coli* ESBL des Typs CTX-M-14, CTX-M 15 und CTX-M 27 produzierten und alle Stämme das TEM-Enzym in sich trugen (Mohmed *et al.*, 2006).

In einer Studie an stationären Patienten in Saudi-Arabien aus dem Jahr 2008 stellten Tawfik und Kollegen (Tawfik *et al.*, 2009) fest, dass 26 % der *K.*-pneumoniae-Isolate ESBL produzierten, wobei es sich in der Mehrzahl um die Enzyme SHV-12 und TEM-1 und in 36 % um CTX-M-15 handelte. Es wurde festgestellt, dass der Anteil der ESBL-produzierenden Isolate bei stationären Patienten deutlich höher war als bei ambulanten Patienten.

1.2.5 Asien

Erst in letzter Zeit haben wir begonnen, das Ausmaß der ökologischen Katastrophe im Zusammenhang mit ESBL-produzierenden Enterobacteriaceae in Teilen Asiens und des indischen Subkontinents zu verstehen, und die Zahl der Berichte über ein sehr häufiges Auftreten solcher Bakterien in diesen Regionen steigt weiter an. Mangelhafte Abwasserroutinen und schlechte Trinkwasserqualität in Verbindung mit einer fehlenden Kontrolle der Verschreibung und des Verkaufs von Antibiotika sind wahrscheinlich die Hauptfaktoren, die die Entwicklung der Resistenz begünstigt haben. Die Vereinten Nationen schätzen die Bevölkerung Asiens im Jahr 2012 auf 4,2 Milliarden Menschen, und daher ist es eine sehr schwierige Aufgabe, die zunehmende Antibiotikaresistenz zu stoppen (Walsh *et al.*, 2003). Laut dem SENTRY Überwachungsprogramms kam es in verschiedenen Teilen Chinas zu einer raschen Zunahme von ESBL-produzierenden *K. pneumoniae* (bis zu 60 %) und *E. coli* (13-35 %), wobei die Enzyme CTX-M-14 und CTX-M-3 überwogen (Hawkey *et al.*, 2008). Der erste Bericht über CTX-M-produzierende Enterobacteriaceae in Neu-Delhi wurde im Jahr 2001 veröffentlicht (Karim *et al.*, 2001). Später, im Jahr 2006, stellten (Shahid *et al.*, 2006) fest, dass 66 % der gegen Cephalosporine der dritten Generation resistenten *E. coli* und *K. pneumoniae* aus drei medizinischen Zentren in Indien den CTX-M-15-Typ von ESBL enthielten, der auch das einzige gefundene CTX-M-Enzym war, und eine Untersuchung von 10 weiteren Zentren in diesem Land zeigte, dass die Raten von ESBL-produzierenden Enterobacteriaceae 70 % erreichten (Jona *et al.*, 2002). In anderen neueren Studien (Shankar *et al.*, 2012) wurden ESBL-Raten von 46 % bzw. 50 % bei ambulanten und stationären Patienten beobachtet, und Nasa und Mitarbeiter (Nasa *et al.*, 2003) wiesen bei fast 80 % der klinischen Isolate eine ESBL-Produktion nach. Untersuchungen aus Indien und Pakistan zeigen einen alarmierenden und raschen Anstieg der Prävalenz von Enterobacteriaceae mit NDM-1 mit einer Prävalenzrate von 6,9 % in einem Krankenhaus in Varanasi, Indien, bis zu 18,5 % in Rawalpindi, Pakistan (Perry *et al.*, 2007), und möglicherweise könnte die Ausbreitung dieses Enzyms noch schneller erfolgen als die Ausbreitung der CTX-M-Enzyme. Berichte aus anderen Teilen Asiens weisen auf eine Vielzahl von ESBLs hin, wie z. B. VEB-Enzyme (die vietnamesischen ESBLs), und auf eine Zunahme von ESBL-tragenden Enterobacteriaceae sowohl bei ambulanten und stationären Patienten als auch in Stuhlproben gesunder Freiwilliger (Hawley *et al.*, 2008).

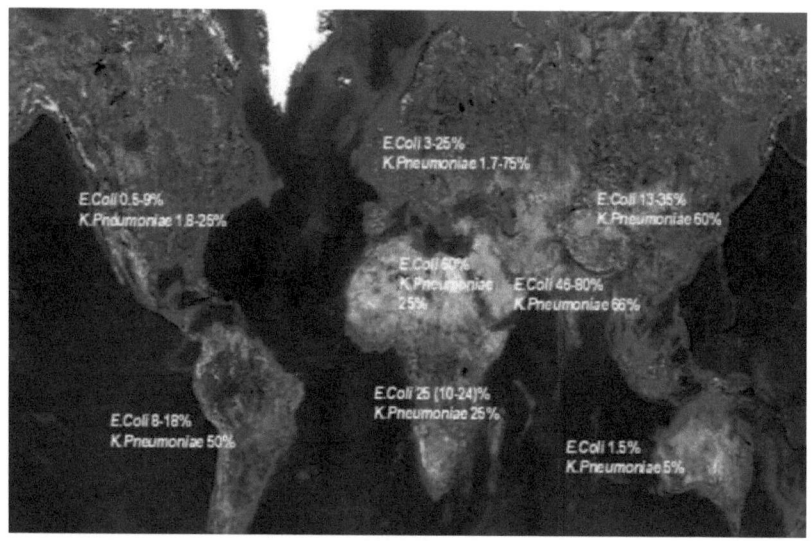

Abb. 1.1: ESBL-Prävalenz in *E.coli* und *K.pneumoniae* aus verschiedenen Studien und aus EARSS (2010)

1.3 ESBL-produzierende Organismen

1.3.1 Enterobacteriaceae

In der Humanmedizin ist die Familie der Enterobacteriaceae die wichtigste Bakterienfamilie, die Gattungen und Arten umfasst, die genau definierte Krankheiten sowie nosokomiale Infektionen verursachen. Die Mitglieder dieser Familie sind gramnegative, stäbchenförmige, nicht sporenbildende fakultative Anaerobier, die Glukose und andere Zucker fermentieren, Nitrat zu Nitrit reduzieren und Katalase, aber nur selten Oxidase produzieren. Die meisten Enterobacteriaceae sind Bestandteil der Magen-Darm-Flora von Menschen und Tieren, obwohl viele von ihnen auch in der Umwelt weit verbreitet sind. Darüber hinaus sind diese Bakterien für die Verursachung vieler verschiedener Infektionen verantwortlich, wie z. B. nosokomiale Infektionen, Septikämie, Harnwegsinfektionen, Lungenentzündung, Cholezystitis, Cholangitis, Peritonitis, Wundinfektionen, Meningitis und Gastroenteritis, und sie können zu sporadischen Infektionen oder Ausbrüchen führen (Mandell *et al.*, 2009).

1.3.2 *Escherichia coli*

Escherichia coli ist ein beweglicher, gramnegativer, stäbchenförmiger, am häufigsten vorkommender fakultativer Anaerobier der menschlichen Darmflora. *Escherichia coli* ist in der Regel eine harmlose Mikrobe, obwohl Identifizierung und der Nachweis von ESBL-produzierenden E.coli ein häufiger Erreger von sowohl in der Gemeinschaft erworbenen als auch nosokomial übertragenen Harnwegsinfektionen ist (Orskov *et al.*, 1985). *Escherichia coli* ist einer der häufigsten Organismen unter den ESBL-bildenden Mikroben (Harris *et al.*, 2007). Die virulenteren Pathotypen haben oft ein größeres Genom als die nicht-pathogenen *E. coli*, und es gibt auch viele verschiedene Virulenzfaktoren, die gewöhnlich auf Plasmiden, Chromosomen oder Bakteriophagen kodiert sind (Welch *et al.*, 2002). Die Gruppen und Serotypen von pathogenen *E. coli* werden hauptsächlich durch ihre Lipopolysaccharid- (O) und Flagellar- (H) Antigene definiert (5). Unter den *E.* coli-Stämmen, die Harnwegsinfektionen verursachen, wurden geografisch weit verbreitete epidemische Klone mit denselben chromosomalen Sequenztypen (STs) festgestellt (Tenaillon *et al.*, 2008).

1.3.3 *Klebsiella pneumoniae*

Die Gattung *Klebsiella*, die zum Stamm der Klebsiellae gehört, ist ein Mitglied der Familie der Enterobacteriaceae. Die Organismen sind nach Edwin Klebs benannt, einem deutschen Mikrobiologen aus dem 19. Jahrhundert. *Klebsiellae* sind unbewegliche, stäbchenförmige, gramnegative Bakterien mit einer markanten Polysaccharidkapsel. *Klebsiellae* sind in der Natur meist ubiquitär vorhanden. Beim Menschen können sie die Haut, den Rachenraum oder den Magen-Darm-Trakt besiedeln. Sie können auch sterile Wunden und Urin kolonisieren. *Klebsiellae* können in vielen Teilen des Dickdarms und des Darmtrakts sowie in den Gallenwegen als normale Flora angesehen werden. Klebsiella-Arten, insbesondere *Klebsiella pnuemoniae*, sind sehr wichtige opportunistische nosokomiale Krankheitserreger, die eine Vielzahl von Infektionen verursachen, darunter Harnwegsinfektionen, Lungenentzündung, Septikämie, Bakteriämie, Meningitis und Wundinfektionen. Man schätzt, dass *Klebsiella spp.* für 5-7 % aller bakteriellen nosokomialen Infektionen verantwortlich sind (Ullmann *et al.*, 1998).

1.4 Klassifizierung von ESBLs

ESBL-Enzyme können auf der Grundlage von zwei allgemeinen Schemata klassifiziert werden: dem molekularen Klassifizierungsschema von Ambler und dem funktionalen Klassifizierungssystem von Bush-Jacoby-Medeiros (Bush *et al.*, 1995). Das Ambler-Schema unterteilt die Beta-Lactamasen in vier Hauptklassen (A bis D). Dieses Klassifizierungsschema basiert auf der Proteinhomologie, nicht aber auf den phänotypischen Merkmalen. Bei den Klassen A, C und D handelt es sich um Serin-Beta-Lactamasen und bei Klasse B um Metallo-Beta-Lactamasen (Bush *et al.*, 1995 und Jacoby *et al.*, 1991). Das Bush-Jacoby-Medeiros-Schema gruppiert diese Enzyme nach ihrer funktionellen Ähnlichkeit (Substrat- und Hemmstoffprofil). Dieses Klassifizierungsschema ist für Ärzte oder Mikrobiologen in diagnostischen Labors von größerer Bedeutung, da es Beta-Lactamase-Inhibitoren und Beta-Lactam-Substrate berücksichtigt, die beide klinisch relevant sind.

Tabelle 1: Modifizierte Bush-Jacoby-Medeiros-Klassifikation (Bush *et al.*, 1995).

Funktionelle Gruppen	Profil des Substrats	Molekulare Klasse	Hemmstoff	Beispiel
1	Cephalosporinase	C	OXA	AmpC,MIR-1
2a	Penicillinase	A	Clav	S. aureus
2b	Breites Spektrum	A	Clav	Tem-1Z2,SHV-1
2be	Erweitert	A	Clav	Tem-3-29,Tem-46104,SHV2-28,CTX-M-Typen
2br	Inhibitorresistent	A		Tem-30-41(IR -12)
2c	Carbenicillinase	A		AER-1 (C),CARB-3
2d	Oxacillinase	D	Clav	PSE-1
2e	Cephalosporinase	A	Clav	OXA-1,OXA-2,10
2f	Carbepenemase		Clav	IPM- 1,NmcA, Smcl-3
3	Mettaloenzyme	A		S. maltophilia
4	Penicillinase	B		B.cepacia(c)

1.5 Arten von ESBLs

Es gibt hauptsächlich vier Arten von ESBLs

1.5.1 TEM

Die ESBL vom Typ TEM sind Derivate von TEM-1 und TEM-2. TEM-1 wurde erstmals 1965 von einem Patienten namens Temoniera berichtet, daher die Bezeichnung TEM (Sougakoff *et al.*, 1988). Es ist die am häufigsten vorkommende Beta-Lactamase unter gramnegativen Bakterien (Jacoby *et al.*, 1991). TEM-1, das kein ESBL ist, kann Ampicillin in größerem Umfang hydrolysieren als Oxacillin, Carbenicillin oder Cephalothin und kann Cephalosporine mit erweitertem Spektrum wie Ceftriaxon, Cefotaxim, Ceftazidim usw. nicht hydrolysieren (Saugoak *et al.*, 1988). Es wird durch Clavulansäure gehemmt. TEM-2 hat das gleiche hydrolytische Profil wie TEM-1, aber es hat einen aktiveren nativen Promotor und einen anderen isoelektrischen Punkt von 5,6 im Vergleich zu 5,4 von TEM-1 (Jauvenot *et al.*, 1987). TEM-13 hat ein ähnliches hydrolytisches Profil wie TEM-1 und TEM-2. TEM-1, 2 und 13 sind keine Extended Spectrum Beta-Lactamasen. Derzeit sind über 100 Betalaktamasen vom TEM-Typ beschrieben worden, von denen die meisten ESBL sind. Ihre isoelektrischen Punkte liegen zwischen 5,2 und 6,5 (Jaunvenot *et al.*, 1987 und Sougakoff *et al.*, 1988). In Tansania wurde ein TEM-ESBL-Typ gemeldet (Blomberg *et al.*, 2005).

1.5.2 SHV

SHV bezieht sich auf die Sulfhydryl-Variable. Die SHV-Typen, die häufiger in klinischen Isolaten gefunden wurden als jeder andere Typ, hydrolysieren β-Lactam-Antibiotika mit erweitertem Spektrum und wurden 1983 in Deutschland aus *Klebsiella ozaenae* isoliert (Kilebe *et al.*, 1985). Es wurde festgestellt, dass sich dieses Enzym vom Stammenzym SHV-1 durch den Austausch von Glycin durch Serin an der 238ten Position unterscheidet, und es wurde als SHV-2 bezeichnet. SHV-Typen von ESBLs wurden in einem breiten Spektrum von Enterobacteriaceae nachgewiesen, und es wurde über Ausbrüche von SHV-produzierenden *Pseudomonas spp* und *Acinetobacter spp* berichtet (Nuesch *et al.*, 1997). Im Gegensatz zu den β-Laktamasen vom TEM-Typ gibt es nur wenige Derivate von SHV-1; weltweit sind mehr als 50 SHV-Varianten beschrieben worden (Ulises *et al.*, 2007). SHV-ESBL-Allele wurden in Tansania und Deutschland gemeldet.

1.5.3 CTX-M

CTX-M ist eine erst kürzlich beschriebene Familie von ESBLs; diese Enzyme hydrolysieren Cefotaxim stärker als Ceftazidim und sie hydrolysieren auch Cefepime mit hoher Effizienz (Baraniak *et al.*, 2002 und Alobwede *et al.*, 2003). Tazobactam hat eine bessere hemmende Wirkung auf CTX-M als Sulbactam und Clavulanat (Reynaud *et al.*, 1991). Die Gene für diese Enzyme befinden sich auf Plasmiden, die in der Regel zwischen 7 und 260kb groß sind (Bonnet *et al.*, 2004). Die Plasmide haben diese Gene von Chromosomen von *Kluyvera spp.* erworben (Humeniuk *et al.*, 2002). Der CTX-M-Typ wurde in den meisten Teilen der Welt nachgewiesen, und man geht davon aus, dass es sich um den weltweit häufigsten ESBL-Typ handelt (Bonnet *et al.*, 2004). Derzeit sind mehr als 113 CTX-M-Varianten bekannt.

1.5.4 OXA- Beta-Laktamasen

Die OXA-Beta-Lactamasen sind so benannt, weil sie Oxicillin hydrolysieren können. Diese Beta-Lactamasen zeichnen sich durch ihre Fähigkeit aus, Cloxacillin und Oxacillin 50 % stärker zu hydrolysieren als Benzylpenicillin (Daniel *et al.*, 1995; Nordamann *et al.*, 2000). Sie kommen vorwiegend in *Pseudomonas spp.* vor, wurden aber auch in vielen anderen gramnegativen Bakterien nachgewiesen (Daniel *et al.*, 1995). Die meisten Beta-Laktamasen vom OXA-Typ hydrolysieren Cephalosporine mit erweitertem Wirkungsspektrum nicht in nennenswertem Umfang, sie sind keine ESBLs.

Andere ESBL-Typen sind PER1-2, VEB-1-2, GES, SFO und IBC. ESBL vom PER-Typ haben nur 25 bis 27 % Homologie mit den bekannten ESBL vom TEM- und SHV-Typ. Dieses Enzym wurde zuerst bei Pseudomonas und später bei Salmonellen und Acinetobacter entdeckt (Bauerfeind *et al.*, 1996). VEB-1 hat die größte Homologie (38%) mit PER 1 und PER-2 (Vahaboglu *et al.*, 1997). Es weist eine höhere Resistenz gegen Ceftazidim, Cefotaxim und Aztreonam auf, die durch Clavulansäure aufgehoben wird. Dieses Enzym ist plasmidvermittelt; es wurde erstmals von einem in Frankreich hospitalisierten vietnamesischen Kind isoliert (Vahaboglu *et al.*, 1997; Poirel *et al.*,

1999). Andere VEB-Enzyme wurden in Kuwait und China beschrieben. GES, SFO und IBC sind Beispiele für Nicht-TEM-, Nicht-SHV-ESBLs und wurden an einer Vielzahl von geografischen Standorten gefunden (Galani *et al.*, 2004; Medeiros *et al.*, 1993)

1.6 Beta-Laktam-Antibiotika

Betalaktam-Antimikrobenmittel sind die gängigste Behandlung sowohl für grampositive als auch für gramnegative und anaerobe bakterielle Infektionen (Ambler *et al.*, 1980; Kotra *et al.*, 2002; Holten und Onusko 2000). Beta-Lactame sind eine Familie von antimikrobiellen Wirkstoffen, die aus vier Hauptgruppen besteht: Penicilline, Cephalosporine, Monobactane und Carbapeneme (Kotra *et al.*, 2002).

Die bakterizide Wirkung von Beta-Lactam-Antibiotika erfolgt durch die Hemmung der Zellwandsynthese , und zwar durch die kovalente Bindung an das Penicillin-bindende Protein (PBP), ein Peptidoglykan-Transpeptidase-Enzym, das die letzten Schritte der Zellwandbildung katalysiert. Die Schädigung der Bakterienzelle durch Hydroxylradikale spielt bei diesem Prozess ebenfalls eine wichtige Rolle, aber der genaue Mechanismus ist noch unklar. Es wurden mehrere PBPs identifiziert, die es nur bei Bakterien gibt. Außerdem das Spektrum und die Wirkungen der verschiedenen β-Laktame durch die PBPs bestimmt, an die diese Antibiotika binden (Kohanski *et al.*, 2007).

Die erste erfolgreiche klinische Behandlung mit Penicillin wurde 1930 zur Behandlung der Gonokokken-Ophthalmie neonatorum (Bindehautentzündung bei Neugeborenen) durchgeführt. Amerikanische Firmen begannen mit der Herstellung von Penicillin G, während die Briten Penicillin F produzierten. In Österreich fanden Brandl und Margreiter (Brandl *et al.*, 1953) das säurestabilere Penicillin V entdeckt, das war das erste aktive Penicillin zur oralen Verabreichung16. Ampicillin und Amoxicillin (α-Aminopenicilline), zwei Penicilline mit größerer Säurestabilität und einer besseren gramnegativen Wirkung, wurden von Beecham entwickelt. Beecham stellte 1959 auch Methicillin und 1960 Nafcillin her, zwei weitere Penicilline, die viel stabiler gegen die β-Lactamasen waren, und bald darauf folgten die Verbindungen Flucloxacillin und Dicloxacillin, die eine noch größere Säurestabilität aufwiesen. Carbenicillin und Ticarcillin wurden 1967 bzw. 1973 eingeführt und waren die ersten

Antibiotika, die bei der Behandlung von *Pseudomonas* aeruginosa-Infektionen eingesetzt werden konnten, da sie stabiler gegen Beta-Lactamasen der Klasse C waren. Temocillin wurde später aus Ticarcillin entwickelt und war auch gegenüber Beta-Laktamasen der Klasse A stabil (Page GPM., 2012).

Im Jahr 1977 entwickelte Toyama das Ureidopenicillin namens Piperacillin, das leichter in die Zelle eindringen konnte (Jones *et al.*, 1977). 1972 synthetisierten die Leo Laboratories das Penicillin-Analogon Mecillinam, das eine gute gramnegative Aktivität, aber eine etwas geringere Bioverfügbarkeit aufwies (Boniece *et al.*, 1998).

Im Jahr 1945 isolierte Brotzu in Cagliari, Italien, den Pilz *Cephalosporium acremonium* aus Meerwasser. Weitere Arbeiten zur Extraktion und Herstellung des Wirkstoffs aus *C. acremonium* wurden von Abrahams im Labor von Florey in Oxford, England, durchgeführt, und es wurde deutlich, dass die Seitenkette im β-Lactam-Molekül die antibakterielle Wirkung beeinflusste. Es gelang, Penicillin N aus dem Pilz zu extrahieren, und es hatte eine stärkere gramnegative Wirkung als Penicillin. Unter den Abbauprodukten von Penicillin N fanden Abraham und Newton das Cephalosporin C, das sich gegenüber den bakteriellen Beta-Lactamasen als stabiler erwies als die Penicilline (Abraham *et al.*, 1953). Diese Entdeckung führte schließlich zur halbsynthetischen Herstellung von vier Generationen von Cephalosporinen. Die ersten halbsynthetischen Cephalosporine (Cephaloridin und Cephalothin) wurden Mitte der 1960er Jahre eingeführt (Muggleton *et al.*, 1999) und zeigten eine etwas begrenzte gramnegative Wirkung. Im Vergleich zu den Penicillinen erwies es sich als einfacher, die Cephalosporine zu modulieren, um ihre antimikrobielle Aktivität zu verändern, insbesondere um ihre Wirkung auf gramnegative Bakterien zu verbessern. Das System zur Herstellung von Cephalosporinen basiert auf Unterschieden in der mikrobiellen Aktivität. Als Anfang der 70er Jahre mit der Synthese der zweiten Generation von Cephalosporinen begonnen wurde, bemühte man sich daher, neben der grampositiven Wirkung auch eine Wirkung auf gramnegative Bakterien zu erreichen. Cefuroxim wurde 1984 eingeführt und konnte die Blut- und Hirnschranke besser durchdringen, so dass es anstelle von Benzylpenicillin oder Ampicillin als Erstbehandlung bei Meningitis eingesetzt werden konnte (Lancet *et al.*, 1982).

Zu den Cephalosporinen der dritten Generation (auch als Oxyimino-β-Lactamas bekannt) gehörten Verbindungen wie Cefotaxim (1979), Ceftazidim (1980) und Ceftriaxon (1981), die eine erweiterte Abdeckung gramnegativer Bakterien und eine noch bessere Beta-Lactamase-Stabilität boten. Diese Cephalosporine wurden zum Teil aufgrund der Entdeckung von β-Laktamasen mit engem Spektrum (z. B. TEM-1) entwickelt, und einige von ihnen hatten auch eine gute orale Bioverfügbarkeit. Die gramnegative Wirkung wurde in der vierten Generation der Cephalosporine noch weiter ausgebaut. Danach wurde in der fünften Generation eine bessere grampositive Wirkung erzielt, die sogar für Methicillin-resistente *S. aureus* (MRSA) galt, weshalb diese Wirkstoffe auch als MRSA-aktive Cephalosporine bezeichnet werden (Andes *et al.*, 2009).

Die Cephamycine sind eine weitere Gruppe von Antibiotika, die in den 1970er Jahren entwickelt wurden. Diese Wirkstoffe hatten die gleiche antimikrobielle Wirkung wie die Cephalosporine der zweiten Generation , waren aber stabil gegen ESBLs der Klasse A (Onish *et al.*, 1974). Ende der 1960er Jahre verwendeten Beecham und Merck *Streptomyces* für die Entwicklung von Carbapenemen, die sehr resistent gegen enzymatische Hydrolyse waren. Es wurden mehr als 50 Carbapeneme gefunden, aber viele von ihnen sind zu instabil. (Page GM., 2012). Das erste Carbapenem war Imipenem, das 1979 entdeckt und 1984 auf den Markt gebracht wurde. Die zweite Generation von Carbapenemen umfasste Meropenem (1996), Ertapenem (2001) und Doripenem (2007). Die Carbapeneme sind die einzigen Antibiotika, die eine gewisse postantibiotische Wirkung auf Infektionen haben, die hauptsächlich durch gramnegative Bakterien verursacht werden (Codenholt *et al.*, 1992). Die ersten monozyklischen, bakteriell hergestellten Beta-Lactam-Antibiotika wurden 1979 beschrieben und später als Monobactame bezeichnet (z. B. Aztreonam). Monobactame sind hochwirksam gegen Gram-negative, aber nicht gegen Gram-positive Keime, und sie sind auch gegenüber mehreren Betalaktamasen stabil (Boniece *et al.*, 1962).

1977 wurde in *Streptomyces* der Beta-Lactamase-Hemmer Clavulansäure entdeckt, der hauptsächlich in Kombination mit Amoxicillin eingesetzt wird. Weitere Wirkstoffe dieser Gruppe sind Sulbactam, das eine gute Aktivität gegen Beta-Lactamasen der

Klasse A aufweist, und Tazobactam, das gegen einige Beta-Lactamasen der Klasse C wirksam ist. Tazobactam ist in Kombination mit Piperacillin erhältlich, was es zu einem nützlichen Breitbandantibiotikum macht, das sowohl gegen gramnegative als auch gegen grampositive Bakterien wirksam ist (Podschu *et al.*, 1998; Page GPM., 2012).

1.6.1 Wirkungsweise

Beta-Lactam-Antibiotika wirken auf Bakterien über zwei Mechanismen: Zum einen bauen sie sich in die bakterielle Zellwand ein und hemmen die Wirkung der Transpeptidase, die für den Abschluss der Zellwand verantwortlich ist. Zweitens binden sie sich an die Penicillin-bindenden Proteine (PBPs), die normalerweise die Zellwandhydrolasen unterdrücken, und setzen so diese Hydrolasen frei, die wiederum die bakterielle Zellwand lysieren.

Beta-Lactame wirken durch Hemmung des letzten Schritts der Peptidoglykan-Synthese in der Zellwand von stoffwechselaktiven und sich teilenden Bakterien (Abbildung 1.2). Die Zellwand besteht aus Peptidoglycan, das aus sich wiederholenden Einheiten von N-Acetylglucosamin (NAG) und N-Acetylmuraminsäure (NAM) in Form von Polymerketten aufgebaut ist. Der letzte Schritt in der Biosynthese der Zellwand ist eine Transamidierungsreaktion, die von der Zellwand-Transamidase (CWT) katalysiert wird. Der Vernetzungsprozess ist extrem empfindlich gegenüber Beta-Laktam-Antibiotika. CWT ist auch als Penicillin-bindendes Protein 1 (PBP-1) bekannt. Verschiedene Penicilline binden sich unterschiedlich an verschiedene PBP's, was zu einer Vielzahl von Wirkungen führt. Die Bindung an PBP-1 (eine Transpeptidase oder Transamidase) führt zur Lyse von Zellen, während die Bindung an PBP-2 (ebenfalls eine Transpeptidase) zu ovalen Zellen führt, die sich nicht teilen können.

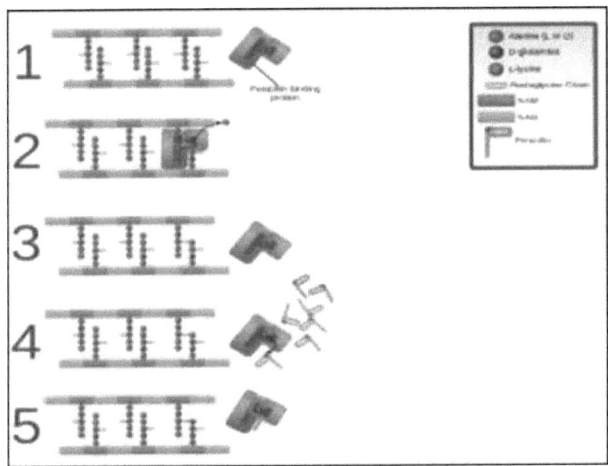

Abb. 1.2: Abwechselnde NAM- und NAG-Untereinheiten in der bakteriellen Zellwand (1). Die Peptidseitenverzweigungen der NAM-Untereinheiten werden durch PBP-Transpeptidasen vernetzt (2, 3). Penicillin greift das aktive Zentrum der PBP an. Schematische Darstellung der Wirkungsweise von β-Lactam-Antibiotika: die Serin-Hydroxylgruppe (violett) (4), die eine irreversible kovalente Bindung an das PBP bildet und dadurch eine dauerhafte Blockade der aktiven Stelle bewirkt (5) und folglich die Zellwandsynthese blockiert.

1.7 Beta-Laktamasen

Die Beta-Laktamasen sind die Sammelbezeichnung für Enzyme, die das Beta-Laktam Ring durch Anhängen eines Wassermoleküls an die gemeinsame Beta-Lactam-Bindung, wodurch das Beta-Lactam-Antibiotikum von Penicillin bis zu Carbapenemen inaktiviert wird (Kirby *et al.*, 1944). Gegenwärtig sind in der Natur mehr als 500 verschiedene Beta-Laktamasen gefunden worden (CLSI 2010). Die Beta-Laktamasen verbreiteten sich auch schnell auf andere Bakterien, und schon bald waren diese Enzyme nach Änderungen von nur einer oder wenigen Aminosäuren in der Lage, Cephalosporine des engen Spektrums zu hydrolysieren (Brunton *et al.*, 1986). Diese vielseitigen Enzyme kommen sowohl in grampositiven als auch in gramnegativen Bakterien vor (Holten und Onusko *et al.*, 2000). Grampositive Bakterien, die Beta-Laktamase produzieren, geben das Enzym an das umgebende Medium ab. Gram-negative Bakterien hingegen geben das Enzym in den periplasmatischen Raum ab. Dies wird als Gruppenschutz für grampositive Bakterien und als Einzelschutz für gramnegative Bakterien bezeichnet (Samaha-Kfoury *et al.*, 2003). Beta-Laktamasen waren schon lange vor der Einführung der Penicilline in Bakterien vorhanden (Woodruff und Foster *et al.*, 1945), und Gene, die für diese alten Enzyme kodieren, wurden ursprünglich auf dem bakteriellen Chromosom lokalisiert sind (Hanson *et al.*, 1999; Yusha *et al.*, 2010). Außerdem sind diese Enzyme induzierbar und werden konstitutiv in geringen Mengen exprimiert.

1.7.1 Wirkungsmechanismus des Enzyms β-Laktamasen

Beta-Lactam-Antibiotika haben einen Beta-Lactam-Ring, der durch Beta-Lactamasen hydrolysiert werden kann (Abbildung 1.4). Die Gruppen unterscheiden sich voneinander durch zusätzliche Ringe, z. B. Thiazolidin-Ring für Penicillin, Cephem-Kern für Cephalosporin, Keine für Monobactum, Doppelringstruktur für Carbapenem (Levinson *et al.*, 2010). Beta-Lactamasen zerstören den Beta-Lactam-Ring durch Anlagerung von Wassermolekülen an die gemeinsame Beta-Lactam-Bindung und inaktivieren das Antibiotikum.

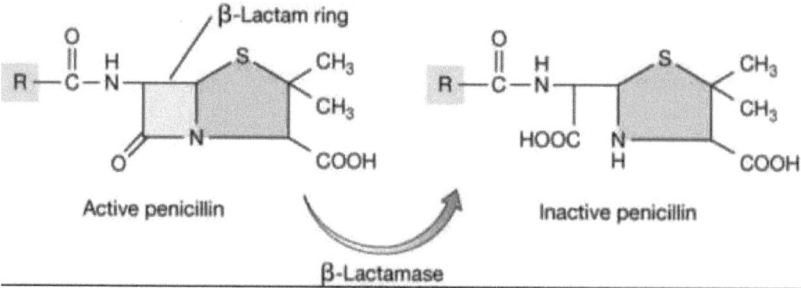

Abb. 1.3: Zerstörung von Beta-Laktamringen durch das Enzym Beta-Laktamasen

1.8 Beta-Laktamasen mit erweitertem Spektrum (ESBL)

Beta-Laktamasen mit erweitertem Spektrum (ESBL) sind eine Gruppe von Enzymen, die in der Lage sind, Oxymino-Cephalosporine (z. B. Cefotaxim, Ceftazidim, Ceftriaxon, Cefuroxim und Cefepim) und Monobactame (z. B. Aztreonam) zu hydrolysieren und Resistenzen zu verursachen (Peirano und Pitout *et al.*, 2010). Beta-Lactamasen gehören zu der heterogensten Gruppe von Resistenzenzymen. Diese globulären Proteine bestehen aus Alpha-Helices und Beta-Faltblättern. Trotz einer beträchtlichen Variabilität der Aminosäuresequenz haben Beta-Laktamasen eine gemeinsame Topologie (Perez *et al.*, 2007).

1.8.1 Kriterien

1. Sind in der Lage, Cephalosporine mit erweitertem Wirkungsspektrum (erste, zweite, dritte, vierte Generation und das Monobactam Aztreonam) zu inaktivieren.

2. werden durch Beta-Laktase-Inhibitoren wie Clavulansäure, Cabapenemsulbactum, Tocabactum und Temocillin gehemmt (CLSI 2010). Diese neuen Enzyme erhielten den Namen ESBLs, der die Tatsache widerspiegelt, dass sie die älteren Beta-Laktamasen waren und eine neue Fähigkeit hatten, ein breiteres Spektrum von Beta-Laktam-Medikamenten zu hydrolysieren (Jacoby *et al.*, 1988)

1.8.2 Wirkmechanismus von ESBLs

a) Ein häufiger Mechanismus der bakteriellen Resistenz gegen Beta-Lactam-Antibiotika ist die Produktion von Beta-Lactamase-Enzymen, die den strukturellen Beta-Lactam-Ring von Penicillin-ähnlichen Arzneimitteln spalten (Chaudhary und Aggarwal *et al.*, 2004; Paterson *et al.*, 1999).

b) Eine Punktmutation, die die Konfiguration um das aktive Zentrum von Enzymen des TEM- und SHV-Typs verändert, die eine Resistenz gegen Ampicillin spezifizieren und eine neue Fähigkeit zur Hydrolyse eines breiteren Spektrums von Betalaktam-Medikamenten haben (Philippon *et al.*, 1898).

c) Der medizinische Einsatz von Antibiotika kann den Selektionsdruck für die Diversifizierung und Verbreitung von mutierter Beta-Laktamase mit erweitertem Spektrum erheblich beschleunigen (Farkosh *et al.*, 2007).

d) ESBLs haben Serin in ihrem aktiven Zentrum und greifen die Amidbindung im

Lactamring von Antibiotika an, was zu deren Hydrolyse führt (Chaudhary und Aggarwal *et al.*, 2004). ESBL steht für Extended-Spectrum-Beta-Lactamase. ESBL-produzierende Bakterien unterscheiden sich von anderen Superbugs, da sich ESBL nicht auf eine bestimmte Art von Bakterien bezieht. (MRSA beispielsweise bezieht sich speziell auf methicillinresistente Stämme von *S. aureus*). Zu den mehrfach arzneimittelresistenten Organismen, auf die man gestoßen ist, gehören:

MRSA - Methicillin/Oxacillin-resistenter *Staphylococcus aureus*.

VRE . Vancomycin-resistente *Enterokokken*

ESBLs . Beta-Laktamasen mit erweitertem Spektrum

PRSP-Penicillin-resistente *Streptokokken-Pneumonie (*Toder *et al.*, 2008).

Zielsetzungen

Die Ziele der vorliegenden Studie lauten wie folgt:

1. Isolierung und Charakterisierung *von E. coli* aus verschiedenen klinischen Proben.

2. Bestimmung der Anfälligkeit der Isolate gegenüber verschiedenen Antibiotika.

3. Identifizierung von ESBL-produzierenden Isolaten (ESBL-Produzenten) und deren Bestätigung durch verschiedene Bestätigungstests.

Materialien und Methoden

2.1 Reagenzien und Medien

Mac-Conkey-Agar, Levis-Eosin-Methylenblau-Agar (EMB), Müller-Hinton-Agar (MH), bakteriologischer Agar-Agar, Simmon-Citrat-Agar, Nutient-Agar, Pepton, Protease-Pepton, Fleischextrakt, Hefeextrakt, Glucose, Lactose, Saccharose, Eisensulfat, Natriumthiosulfat, Natriumchlorid (Hi-Media Laboratories Pvt. Ltd., Mumbai), NaCl, K2HPO4, Wasserstoffperoxid, Kovac-Reagenz, Methylrot-Indikator, Phenolrot, Andrade-Indikator, α-Naphthol, Kaliumhydroxid (Rankem Pvt. Ltd, Maharashtra) und farbige Perlen.

Antibiotika-Scheiben: Tetracyclin (TE) (10µg), Nalidixinsäure (NA) (30µg), Cefoperazon (CP) (30µg), Cefoperazon/Sulbactam (CM) (30µg), Ceftriaxon (RP) (30µg), Ceftriaxon/Sulbactam (CL) (10µg), Piperacillin (PC) (10µg), Ceftizoxim (Cl) (30µg), Cefixim (SF) (30µg), Ofloxacin (ZN) (10µg) (BIO RAD Pvt. Ltd) und Ceftriaxon (CTR) (5µg), Cefotaxim (CTX) (30µg), Ceftazidim (CAZ) (30µg), Amikacin (AK) (30µg), Ampicillin (AMP) (10µ), Ampicillin/Sulbactam (A/S) (30µg), Piperacillin/Tazobactam (PIT) (10µg), Norfloxacin (NX) (10µg), Levofloxacin (LE) (10µg), Gentamycin (GEN) (30µg), Amoxyclav (AMC) (30µg) (Hi-Media Laboratories Pvt. Ltd, Mumbai).

2.2 Sammlung von Proben

Die vorliegende Studie umfasste insgesamt 150 klinische Proben, darunter 30 Eiter- und 120 Urinproben, die im Labor des Rotary L.G Haria Hospital und im Devanshi-Labor in Vapi gesammelt wurden. Alle Proben wurden in sterilen Behältern entnommen und vor der Verarbeitung vortexiert.

2.3 Isolierung und Identifizierung

Zur Isolierung von *E. coli* und *K. pneumoniae* wurden alle klinischen Proben zunächst auf Nutient-Agar und Mac-Conkey-Agar beimpft und dann 24 Stunden lang bei 37°C bebrütet. Am nächsten Tag wurden die Kolonie und die kulturellen Merkmale anhand der biochemischen Charakterisierung identifiziert.

2.3.1 Biochemische Charakterisierung

2.3.1.1 Katalase-Test

Für den Katalasetest können sowohl die Objektträger- als auch die Röhrchenmethode verwendet werden. Katalase ist ein Enzym, das Wasserstoffperoxid in Wasser und gasförmigen Sauerstoff spaltet. Die Organismen wurden auf Nährstoffagar ausgestreut und 24 Stunden lang bei 37°C bebrütet. Dann wurde Wasserstoffperoxid von außen auf das Wachstum der Organismen gegeben. Der Organismus, der die Katalase-Aktivität produziert, zeigt die Produktion von Sprudel.

2.3.1.2 Indol-Test

Organismen, die das Enzym Tryptophanase besitzen, sind in der Lage, Tryptophan unter Bildung von Indol zu hydrolysieren und abzuspalten. Indol reagiert mit Kovacs Reagenz und bildet einen rosafarbenen Indolkomplex. Der Indol-Test wurde durch Zugabe von Kovac-Reagenz zu den Kulturmedien durchgeführt.

2.3.1.3 MR-VP-Test (Methylrot-Vogus-Prosker-Test)

Sowohl der MR- als auch der VP-Test wurden unter Verwendung von 0,7 gm% Peptonmischung, 0,5 gm% Kaliumphosphat und 0,5 gm% Dextrose als Nährbodenzusätze durchgeführt. Als Indikatoren für den Test wurden 0,4 % Methylrotlösung, 5 % Alpha-Napthanol in absolutem Alkohol und 40 % Natriumhydroxidlösung verwendet. Die Entwicklung einer kirschroten Farbe zeigt ein positives Ergebnis für diese Tests an.

2.3.1.4 Zitratverwendung

Der Zitratverwertungstest wurde nach der Standardmethode von Simmons J unter Verwendung von Simmon's Citrate Agar Slant durchgeführt. Die Schräglage wurde mit der Kultur beimpft und 24 Stunden lang bei 37°C bebrütet. Wenn sich die Farbe der Schräglage von Grün zu Blau verändert, ist das Ergebnis positiv.

2.3.1.5 Prüfung der Zuckergärung

Zucker werden über verschiedene Stoffwechselwege zu verschiedenen Säuren abgebaut, die wiederum zu Gasen abgebaut werden können. Zuckerbrühe (Glukose, Laktose, Saccharose, Mannitol, Maltose, Xylose) wurde mit der Kultur beimpft und 24

Stunden lang bei $^{37°C}$ bebrütet. Die Säureproduktion verändert die Farbe des Mediums zu rosa, und das erzeugte Gas wird im Darham-Röhrchen als kleine Blasen aufgefangen, was auf positive Ergebnisse hinweist.

2.3.1.6 Dreifachzucker-Eisen-Test (TSI)

Dieses Medium wurde für die anfängliche Identifizierung von gramnegativen Bazillen, insbesondere von Mitgliedern der Enterobacteriaceae, verwendet. Drei Hauptmerkmale eines Bakteriums wurden mit diesem Medium nachgewiesen: die Fähigkeit, Kohlenhydrate (Laktose, Saccharose, Glukose) zu fermentieren, die Fähigkeit, Gas zu produzieren, und die Produktion von Schwefelwasserstoffgas. Zur Beimpfung eines Schräg- und Stumpfmediums wurde eine kleine Wachstumsmenge einer Reinkulturkolonie auf einen geraden Draht aufgezogen und auf dieses Medium durch Einstechen des Stumpfes und Bestreichen der Oberfläche des schrägen Schräges in einem Zickzackmuster des Rohres bis zum Boden beimpft und bei 37°C 24 Stunden lang bebrütet. Am nächsten Tag wurde die Fermentation dieser Zucker, die Produktion von Gas, H2S und Stumpf im Schrägen beobachtet.

2.4 Antibiotika-Empfindlichkeitstest

Die Isolate von *E. coli* und *K. pneumoniae* wurden gemäß den CLSI-Empfehlungen mit der Kirby-Baur-Diskusdiffusionsmethode auf ihre Empfindlichkeit gegenüber antimikrobiellen Mitteln untersucht. Die isolierten E.coli wurden mit Peptonwasser beimpft und 4-6 Stunden lang bei 37°C bebrütet. Die Trübung des Wachstums wurde auf 0,5 Macfarland-Standard eingestellt. Dann wurde diese Suspension mittels Rasenkultur auf eine Müller-Hinton-Agar-Platte beimpft. Danach wurden verschiedene antibiotische Scheiben mit einer sterilen Pinzette aufgelegt und leicht angedrückt, um den richtigen Kontakt mit dem Medium zu gewährleisten. Die Platten wurden dann 24 Stunden lang bei $^{37°C}$ bebrütet. Die Hemmzone wurde gemessen und ausgewertet.

2.4.1 Die Antibiotika-Scheiben, die für den Antibiotika-Empfindlichkeitstest verwendet wurden:

Nalidixinsäure (NA)   Ceftizoxim (cl)
Ceftriaxon (CTR)   Piperacillin (PC)
Amikacin (AK)   Cefoperazon (CP)
Tetracyclin (TE)   Ofloxacin (ZN)
Gentamycin (GEN)   Norfloxacin (NX)
Ampicillin (AMP)   Levofloxacin (LE)
Cefixim (SF)   Ciprofloxacin (CIP)
Cefpotaxim (CTX)   Ceftizidim(CAZ)

2.5 Nachweis von Beta-Laktamasen mit erweitertem Spektrum (ESBL)

2.5.1 ESBL-Screening-Test

Die E.coli-Isolate wurden mit Ceftriaxon(CTR), Ceftizoxim(Cl), Cefoparazon(CP), Cefixim(SF), Cefotaxim (CTX) und Ceftazidim(CAZ) auf mögliche ESBL-Produktion untersucht. Die isolierten Organismen wurden in Peptonwasser beimpft und 4-6 Stunden lang bei 37 °C bebrütet. Die Trübung des Wachstums wurde auf 0,5 Macfarland's Standard eingestellt. Die Suspension wurde mittels Rasenkultur auf eine Muller-Hinton-Agarplatte beimpft. Die oben genannten sechs Scheiben wurden mit einem Abstand von jeweils 20 mm aufgelegt. Dann wurden die Platten 24 Stunden lang bei $37^{\circ C}$ bebrütet. Nach der Bebrütung wurden die Ergebnisse abgelesen. Die um die Platten herum gebildete Zone wurde gemessen und als empfindlich oder resistent interpretiert. Die Isolate, die gegen eines dieser Antibiotika resistent waren, wurden als Screening-positiv eingestuft. Diese Isolate wurden mit dem Doppelscheibensynergietest (DDST) und dem Doppelscheibendiffusionstest (DDDT) weiter auf ESBL-Produktion getestet. Die anderen Isolate, die für diese Antibiotika empfindlich waren, wurden nicht in die weiteren Tests auf ESBL-Produktion einbezogen.

2.5.2 Nachweis von ESBL durch Doppelscheiben-Synergietest (DDST)

Die Isolate, die positiv auf ESBL-Produktion getestet wurden, wurden mit Peptonwasser beimpft und 4-6 Stunden bei 37°C bebrütet. Die Trübung des Wachstums wurde auf 0,5 Macfarland-Standard eingestellt. Diese Suspension wurde mittels Rasenkultur auf eine Muller-Hinton-Agarplatte beimpft. Die Scheibe mit Amoxyclav (Amoxycillin + Clavulansäure) wurde in die Mitte der Platte gelegt. Die Ceftriaxon-, Ceftizoxim-, Cefoperazon-, Cefixim- und Cefotaxim-Scheiben wurden im Abstand von 15 mm von der Kombinationsscheibe angeordnet. Die Platten wurden 24 Stunden lang bei $37°C$ bebrütet. Die Vergrößerung der Hemmzone gegenüber Amoxyclav durch eines dieser Arzneimittel wie Ceftriaxon (CTR), Ceftizidim (CAZ), Cefoperaxon (CP), Cefixim (SF) und Cefotaxim (CTX) wurde als positives Ergebnis gewertet.

2.5.3 Doppelscheiben-Diffusionstest (phänotypischer Bestätigungstest)

Der DDDT-Test wurde verwendet, um zu bestätigen, dass die Isolate im DDST positiv waren. Standardisierte Inokulum, die dem 0,5-McFarland-Standard entsprechen, wurden wie zuvor beschrieben mit mutmaßlichen ESBL-produzierenden Isolaten beimpft. Dann wurden 4 Scheiben, die Ceftriaxon (CTR), Cefoperazon (CP) mit und ohne Sulbactam enthielten, im empfohlenen Abstand zueinander auf die Platte gelegt. Die Platten wurden 24 Stunden lang bei 37 °C bebrütet. Eine Zunahme des Zonendurchmessers um 5 mm oder mehr sowohl für Ceftriaxon als auch für Cefoperazon in Kombination mit Sulbactam (CL bzw. CM) im Vergleich zum Zonendurchmesser bei alleiniger Prüfung (CTR bzw. CP) bestätigte eine ESBL-Produktion. Jede der Chephalospronis-Antibiotika-Scheiben mit und ohne Kombination kann für den DDST verwendet werden.

Ergebnisse und Diskussion
3.1 Isolierung

Insgesamt wurden 150 klinische Proben (Urin und Eiter) von Patienten im Freien und in geschlossenen Räumen analysiert, von denen nur 65 *E.coli-* und keine *K.*pneumoniae-Isolate von Patienten mit symptomatischen Harnwegsinfektionen (n=50) und aus den Eiterproben (n=15) gewonnen wurden (Tabelle 6).

Die Altersspanne der Patienten lag zwischen 5 und 65 Jahren mit einem Mittelwert von 25 bis 28 Jahren (Abb. 3.2). In der von Naik und Desai, März (2012) durchgeführten Studie wurden mehr *E.*coli-Isolate von Frauen (n=40) als von Männern (n=25) gefunden, die an symptomatischen Harnwegsinfektionen litten (Abb. 3.1), was mit diesen Ergebnissen übereinstimmt. Diese *E.*coli-Isolate wurden einer Antibiotika-Empfindlichkeitsprüfung, einem ESBL-Screening, einem Doppelscheibensynergietest (DDST) und einem Doppelscheibendiffusionstest (DDDT) zur Bestätigung des Phänotyps unterzogen.

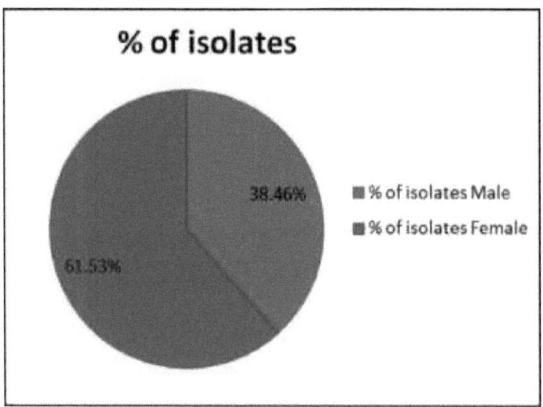

Abb. 3.1 Verteilung der *E.*coli-Isolate auf verschiedene Geschlechter.

Von 150 klinischen Proben, die auf Mac-Conkey-Agarplatten beimpft wurden, zeigten nur 80 Isolate laktosefermentierende, rosa gefärbte, flache, trockene (raue) Kolonien, die als *E.*coli-Organismen angesehen wurden (Abb. 3.3), und die restlichen 70 Isolate zeigten laktosefermentierende Kolonien, so dass keines der Isolate laktosefermentierende, mukoide Kolonien aufwies, so dass in der vorliegenden Studie keine *K.* pneumoniae-Organismen aus den gesammelten Urin- und Eiterproben isoliert wurden (Tabelle 2).

% of isolates

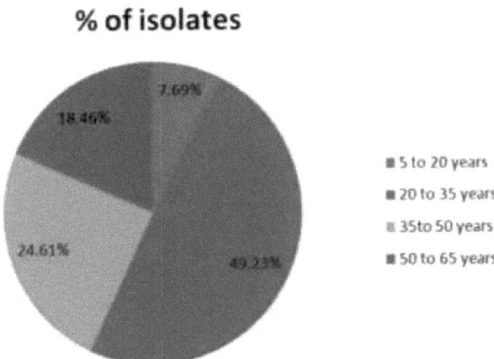

Abb. 3.2: Verteilung der *E.*coli-Isolate nach Alter.

In den beiden anderen ähnlichen Studien, die Azra (2007) und Ritu (2009) zu Uropathogenen durchgeführt haben, wurde die Prävalenz von *E.coli* unter den gramnegativen Isolaten mit 50,7 % bzw. 50 % angegeben; in der vorliegenden Studie wurde eine niedrigere Inzidenz, d. h. 43,3 % *E.coli*, beobachtet. Von den 65 *E.*coli-Isolaten stammten 20 Isolate von Patienten in Innenräumen und 45 Isolate von Patienten im Freien. Bei Enterobacteriaceae, die aus klinischen Proben isoliert wurden, wurde eine Zunahme des Auftretens von ESBL-Produzenten festgestellt (Umadevi *et al.*, 2011). Multi-Drug-Resistenz (MDR) ist ein großes Problem bei der Behandlung von Uroparhogenen (Tankhiwala und Jalgaonkar, 2004; Akram und Shahid, 2007; Hasan und Nair, 2007). Das weltweite Auftreten von Erregern mit Multiresistenz (MDR) gibt zunehmend Anlass zur Besorgnis. Diese Erreger werden in der Regel in Krankenhäusern gefunden, in denen Antibiotika häufig eingesetzt werden und sich die Patienten in einem kritischen Zustand befinden (Shahanara *et al.*, 2013). ESBL-produzierende Isolate werden meist mit Harnwegsinfektionen in Verbindung gebracht, was auch für die vorliegende Studie gilt. (Melzer *et al.*, 2007). Die therapeutischen Möglichkeiten für Harnwegsinfektionen, die durch ESBL-Produzenten verursacht werden, sind zunehmend begrenzt (Metri Basavaraj *et al.*, 2011).

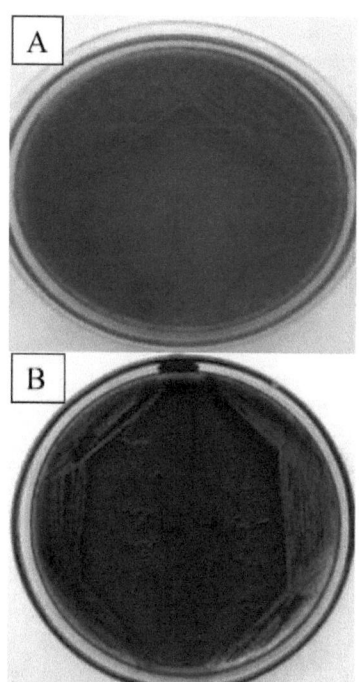

**Abb. 3.3 (a): Koloniemerkmale des E.coli-Isolats auf Mac-Conkey-Agarplatte (Laktose
fermentierende, flache, trockene, raue und rosafarbene Kolonien), (b):
Koloniecharakteristik von
E.coli-Isolat auf EMB-Agarplatte (grünlich-metallische scheen Kolonien).**

Tabelle 2: Morphologie, Kolonie- und Kulturmerkmale der verschiedenen Isolate.

Isolat Nr.	Wachstum auf NA-Medien	Wachstum auf Mac-Conkey-Agar-Medien	Wachstum auf EMB-Agar-Medien	Omas Natur	Motilität
104,60,67,53, 93	Größe-groß Form-kreisförmig Oberfläche-glatt Kante-eindeutig Opazität-opak Konsistenz-feucht	Nicht laktosefermentierende Kolonien	Keine grünlich-metallisch schimmernden Kolonien	Gram-ve, dünne Stäbchen in Kette	Unbeweglich
87,108,131,35, 111	Größe-groß Form-kreisförmig Oberfläche-glatt Kante-ganze **Opazität -** durchscheinend **Konsistenz -** feucht	Nicht laktosefermentierende Kolonien	Keine grünlich-metallisch schimmernd en Kolonien	Gram-ve, Stäbchen	Unbeweglich
139,143,55,90, 16	Größe-groß Form-oval Oberfläche-rauh Rand-eindeutig Opazität-opak Konsistenz-feucht	Nicht laktosefermentierende Kolonien	Keine grünlich-metallisch schimmernd en Kolonien	Gram-ve, kurze Stäbchen	Unbeweglich
21,35,28,40,42	**Größe -** mittelgroß **Form -** kreisförmig **Oberfläche -** glatt **Rand - glatt** **Opazität -** durchscheinend **Konsistenz -** feucht	Laktose-fermentierende, flache, trockene, rosa gefärbte Kolonien	Dunkel zentrierte, grünlich metallisch glänzende Kolonien	Gram-ve, kurze Stäbchen	Beweglich
45,55,85,90, 120	Größe - **mittelgroß Form**	Laktose-fermentierende	Dunkel zentrierte,	Gram-ve, kurze	Beweglich

27

	- kreisförmig **Oberfläche** - glatt **Rand** - ganz **Opazität** - durchscheinend **Konsistenz** - feucht	, flache, trockene, rosa gefärbte Kolonien	grünlich metallisch glänzende Kolonien	Stäbchen	
11,32,46,29,49	**Größe** - **mittelgroß Form** - kreisförmig **Oberfläche** - glatt **Rand** - **glatt** **Opazität** - durchscheinend **Konsistenz** - feucht	Laktose- fermentierende , flache, trockene, rosa gefärbte Kolonien	Dunkel zentrierte, grünlich metallisch glänzende Kolonien	Gram-ve, kurze Stäbchen	Beweglich
12,18,24,128, 115	**Größe** - **mittelgroß Form** - kreisförmig **Oberfläche** - glatt **Rand** - **glatt** **Opazität** - durchscheinend **Konsistenz** - feucht	Laktose- fermentierende , flache, trockene, rosa gefärbte Kolonien	Dunkel zentrierte, grünlich metallisch glänzende Kolonien	Gram-ve, kurze Stäbchen	Beweglich
126,130,146, 103,114	**Größe** - **mittelgroß Form** - kreisförmig **Oberfläche** - glatt **Rand** - **glatt** **Opazität** - durchscheinend **Konsistenz** - feucht	Laktose- fermentierende , flache, trockene, rosa gefärbte Kolonien	Grünlich metallisch schimmernd e Kolonien	Gram-ve, kurze Stäbchen	Beweglich
111,121,100,9 8 101	Größe-mittel Form-kreisförmig Oberflächenglatt	Laktose- fermentierend, flach, trockene rosa	Grünlich- metallisch Glanzkoloni	Gram-ve, kurze Stäbchen	Beweglich

28

	Edge-entire **Opazität -** lichtdurchlässig **Konsistenz -** feucht	gefärbte Kolonien	en		
58,62,76,83,91	**Größe -** mittel **Form -** kreisförmig **Oberfläche -** glatt **Rand - glatt** **Opazität -** durchscheinend **Konsistenz -** feucht	Laktose-fermentierende, raue, rosa gefärbte Kolonien	Grünlich metallisch schimmernde Kolonien	Gram-ve, kurze Stäbchen	Beweglich
9,64,54,95,88	**Größe -** **mittelgroß Form** - kreisförmig **Oberfläche -** glatt **Rand - glatt** **Opazität -** durchscheinend **Konsistenz -** feucht	Laktose-fermentierende, flache, raue, rosa gefärbte Kolonien	Dunkel zentrierte, grünlich metallisch glänzende Kolonien	Gram-ve, kurze Stäbchen	Beweglich
39,59,50,49,60	**Größe -** mittelgroß **Form -** kreisförmig **Oberfläche -** glatt **Rand - glatt** **Opazität -** durchscheinend **Konsistenz -** feucht	Laktose-fermentierende, raue, rosa gefärbte Kolonien	Dunkel zentrierte, grünlich metallisch glänzende Kolonien	Gram-ve, kurze Stäbchen	Beweglich
58,104,129,112 ,8	**Größe -** mittelgroß **Form -** kreisförmig **Oberfläche -** glatt **Rand - glatt** **Opazität -**	Laktose-fermentierende, raue, rosa gefärbte Kolonien	Dunkel zentrierte, grünlich metallisch glänzende Kolonien	Gram-ve, kurze Stäbchen	Beweglich

	durchscheinend **Konsistenz** - feucht				
132,107,116, 133,139	Größe-mittel Form-kreisförmig Oberfläche-glatt Kante- gleichmäßig **Opazität-**	Laktose- fermentierende , flache, raue und rosa gefärbte Kolonien	Dunkel zentriert, grünlicher Metallglanz	Gram-ve, kurze Stäbchen	Beweglic h
	Transluzent **Konsistenz-** feucht		Kolonien		
136,125,130, 147,108	Größe - **mittelgroß Form** - kreisförmig **Oberfläche** - glatt Rand - **glatt** **Opazität** - durchscheinend **Konsistenz** - feucht	Laktose- fermentierende , flache, raue und rosa gefärbte Kolonien	Dunkel zentrierte, grünlich metallisch glänzende Kolonien	Gram-ve, kurze Stäbchen	Beweglic h
66,92,72,93,79	**Größe** - mittelgroß **Form** - kreisförmig **Oberfläche** - glatt Rand - **glatt** **Opazität** - durchscheinend **Konsistenz** - feucht	Laktose- gärende, flache, trockene, rosa gefärbte Kolonien	Dunkel zentrierte, grünlich metallisch glänzende Kolonien	Gram-ve, kurze Stäbchen	Beweglic h

3.2 Biochemische Charakterisierung

Die klinischen Proben, die auf der Macconkey-Agarplatte (Abb. 3.3(a)) rosa gefärbte, raue Laktose vergärende Kolonien und auf der EMB-Agarplatte (Abb. 3.3(b)) grünlich-metallisch glänzende Kolonien aufwiesen, wurden anhand der Gram-Beschaffenheit, der Motilität und verschiedener biochemischer Mittel (Katalase- und IMViC-Test) weiter identifiziert. Alle diese Tests wurden durchgeführt, um die Isolate als *E.coli* zu bestätigen. Von den 80 E.coli-Isolaten, die für weitere

30

Bestätigungsstudien verwendet wurden, waren nur 65 *E.*coli-Isolate dadurch charakterisiert, dass sie gramnegative kurze Stäbchen in der Gram-Natur, bewegliche Organismen in der Motilität (durch die Methode des hängenden Tropfens), Produktion von Brause im Katalase-Test (Abb. 3.5), positiver Indol- und Methylrot-Test (MR), negativer Voges-Proskauer- (VP) und Zitrat-Test (Abb. 3.4), Fermentierung von Glukose und Laktose im TSI-Schrägversuch aufgrund des Farbwechsels, Gas- und Butt-Produktion im Schrägversuch und im Kohlenhydrat-Fermentations-Test waren alle sechs Zucker (Glukose, Laktose, Saccharose, Maltose, Mannit und Xylose) positiv durch die Produktion von Säure und Gas (Tabelle 3). Die biochemische Charakterisierung der Isolate, die von (Eshwar *et al.*, 2011) in ihrer Studie durchgeführt wurde, ist ähnlich wie die vorliegende Studie.

Tabelle 3: Biochemische Charakterisierung der Isolate (n=80)

Isolat Nr.	Katalase-Test	Indol-Test	MR-Test	VP-Test	Zitrat test	T Farbwechsel	S Gas	I H2S	Test Hintern	Glu	Lac	Mal	Suc	Xyl	Mani
3,5,10, 15 ,17	+ve	-ve	+ve	-ve	+ve	+ve	+ve	-ve	+ve	+ve	+ve	-ve	+ve	-ve	-ve
6,8,16, 19 ,22	-ve	+ve	+ve	-ve	-ve	+ve	+ve	-ve	-ve	-ve	-ve	-ve	+ve	+ve	+ve
25,56,87, 75, 150	+ve	-ve	-ve	-ve	+ve	-ve	+ve	+ve	+ve	+ve	+ve	-ve	-ve	+ve	+ve
21,35,28, 40,42	+ve	+ve	+ve	-ve	-ve	+ve	+ve	-ve	+ve	+ve	+ve	+ve	+ve	+ve	+ve
45,55,85, 90, 120	+ve	+ve	+ve	-ve	-ve	+ve	+ve	-ve	+ve	+ve	+ve	+ve	+ve	+ve	+ve
11,32,46, 29,49	+ve	+ve	+ve	-ve	-ve	+ve	+ve	-ve	+ve	+ve	+ve	+ve	+ve	+ve	+ve
12,18,24, 128, 115	+ve	+ve	+ve	-ve	-ve	+ve	+ve	-ve	+ve	+ve	+ve	+ve	+ve	+ve	+ve
126,130, 146,103, 114	+ve	+ve	+ve	-ve	-ve	+ve	+ve	-ve	+ve	+ve	+ve	+ve	+ve	+ve	+ve
111,121, 100, 98,101	+ve	+ve	+ve	-ve	-ve	+ve	+ve	-ve	+ve	+ve	+ve	+ve	+ve	+ve	+ve
58,62,76, 83,91	+ve	+ve	+ve	-ve	-ve	+ve	+ve	-ve	+ve	+ve	+ve	+ve	+ve	+ve	+ve
9,64,54, 95,88	+ve	+ve	+ve	-ve	-ve	+ve	+ve	-ve	+ve	+ve	+ve	+ve	+ve	+ve	+ve

39,59,50, 49,60	+ve	+ve	+ve	-ve	-ve	+ve	+ve	-ve	+ve	+ve	+ve	+ve	+ve	+ve	+ve
58,104,1 29,112, 8	+ve	+ve	+ve	-ve	-ve	+ve	+ve	-ve	+ve	+ve	+ve	+ve	+ve	+ve	+ve
132,10 7, 116,13 3, 139	+ve	+ve	+ve	-ve	-ve	+ve	+ve	-ve	+ve	+ve	+ve	+ve	+ve	+ve	+ve
136,12 5, 130,14 7, 108	+ve	+ve	+ve	-ve	-ve	+ve	+ve	-ve	+ve	+ve	+ve	+ve	+ve	+ve	+ve
66,92,7 2, 93,79	+ve	+ve	+ve	-ve	-ve	+ve	+ve	-ve	+ve	+ve	+ve	+ve	+ve	+ve	+ve

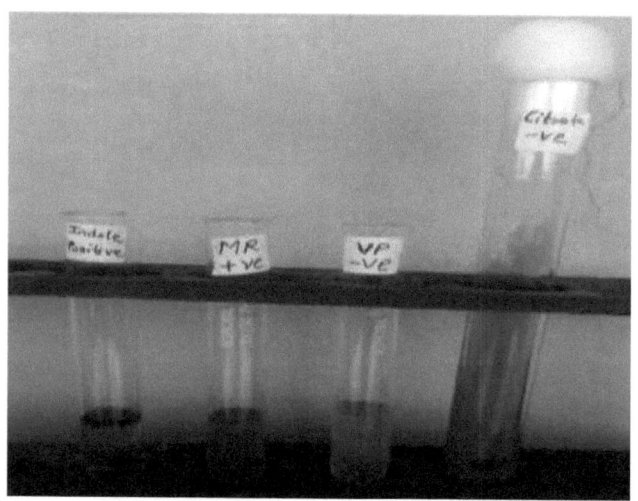

Abb. 3.4: IMViC-Test des *E.coli*-Isolats.

I=Indoltest-Positiv (roter Farbring)

M= Methylrot (MR) Test-Positiv (kirschrote Farbe)

V=Voges-Proskauer (VP) Test-Negativ (keine Farbveränderung) C=Citrat-Test-Negativ (keine Farbveränderung)

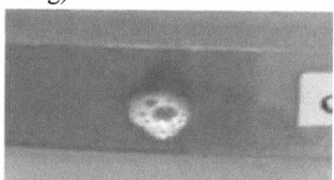

Abb. 3.5: Positiver Katalasetest mit *E. coli* (Produktion von Brause).

3.3 Antibiotika-Empfindlichkeitstest

Bei der Prüfung der Antibiotika-Empfindlichkeit zeigten die Antibiogramme, dass 4 (6,15%) Isolate gegen Amikacin, 3 (4,61%) gegen Amoxyclav, 36 (55,38%) gegen Ampicillin, 5 (7,69%) gegen Gentamycin, 8 (12.30%) waren resistent gegen Levofloxacin, 35 (53,84%) waren resistent gegen Nalidixinsäure, 25 (38,46%) waren resistent gegen Norfloxacin, 10 (15,38%) Isolate waren resistent gegen Ofloxacin, 8 (12,30%) Isolate waren resistent gegen Piperacillin, wie in Tabelle 4 und Abb. 3.6 dargestellt.

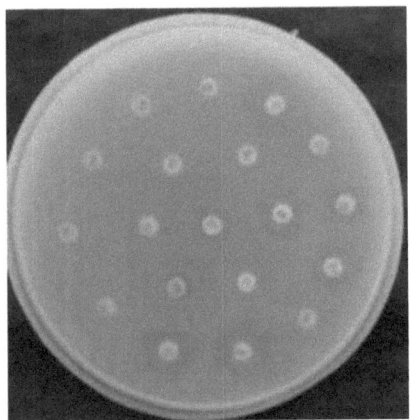

Abb. 3.6: Antibiotika-Empfindlichkeitstest für *E.coli*-Isolate.

3.4 Screening auf ESBL-bildende *E.coli*-Isolate

In einem scheibenbasierten ESBL-Screening-Test wurden Cefixim, Cefoperazon, Cefotaxim, Ceftazidim, Ceftizoxim und Ceftriaxon (Cephalosporine) als Screening-Indikatoren verwendet, wobei 30 (46,15 %) *E.coli-Isolate* gegen Cefixim resistent waren, 30 (46.15%) Isolate waren resistent gegen Cefoperazon, 29 (44,61%) Isolate waren resistent gegen Cefotaxim, 30 (46,61%) Isolate waren resistent gegen Ceftazidim, 20 (30,67%) Isolate waren resistent gegen Ceftizoxim und 40 (61,53%) Isolate waren resistent gegen Ceftriaxon (Tabelle 4). Von den sechs Cephalosporinen waren die *E.*coli-Isolate am stärksten gegen Ceftriaxon und Ceftazidim resistent, die sich als die besten Antibiotika für die phänotypischen Bestätigungstests von ESBL erwiesen, wenn sie entweder mit DDST oder DDDT eingesetzt wurden. Nur die *E.*coli-Isolate (28), die positiv auf eine Resistenz gegen diese Cephalosporine getestet wurden, wurden für weitere phänotypische ESBL-Bestätigungstests verwendet. In der Literatur gibt es nur wenige Studien, die mit der vorliegenden Untersuchung vergleichbar sind. Shukla et al. (2004) untersuchten die Isolate mit Cefotaxim (Ce), Ceftazidim (Ca) und Ceftriaxon (Ci) und fanden 88,3 % der Isolate, die gegen eines der oben genannten Cephalosporine der dritten Generation resistent waren, und 72 % waren gegen alle drei Medikamente resistent. Rodrigues *et al.* (2004) untersuchten die Isolate mit Aztreonam (Ao), Cefotaxim (Ce), Ceftazidim (Ca), Ceftriaxon (Ci) und Cefpodoxim (Cep) und stellten fest, dass Cefpodoxim (Cep) das empfindlichste Screeningmittel ist. In der vorliegenden Studie haben wir sechs Cephalosporine zum Screening einer möglichen ESBL-Produktion verwendet. Eine Resistenz gegenüber einem oder mehreren dieser Screening-Mittel könnte auf eine ESBL-Produktion hinweisen. Da es Variationen zwischen den

ESBLs in ihrer Fähigkeit, verschiedene Cephalosporine zu hydrolysieren, ist es schwierig, ein bestimmtes Ona als bestes Pflegemittel auszuwählen. Wir haben jedoch festgestellt, dass Ceftriaxon (Ci), Ceftazidim (Ca), Cefpodoxim (Cep) die besten Screening-Mittel sind. Auch Azetreonam (Ao) hat sich beim Nachweis von Resistenzen gegen diese Isolate gut bewährt. Bei der Verwendung von nur einem oder zwei Screening-Mitteln kann es vorkommen, dass resistente Isolate nicht erkannt werden. Daher wurde festgestellt, dass die Verwendung von drei oder mehr Screening-Scheiben die Entdeckungsrate verbessert. Die vorliegende Studie stimmt mit den Studien von Shukla *et al.* (2004) und Rodrigues *et al.* (2004) überein. Es wurde festgestellt, dass ESBL-Produzenten resistenter gegen Cephalosporine sind, die für das Screening verwendet wurden, als Nicht-ESBL-Produzenten, die für dieselben Cephalosporine empfindlich waren (Tabelle 5).

Tabelle 4: Antibiotika-Empfindlichkeitsprofil der isolierten *E.coli* (n=65)
(Cefixim, Cefoperazon, Cefotaxim, Cceftazidim, Ceftizoxim, Ceftriaxon sind ESBL-Kriechindikatoren)

Sr. Nei n.	Antimikrobielle Mittel	Anzahl der Resistenzen (%)	Zwischenzahl (%)	Anfällige Anzahl (%)
1	Amikacin (AK)	4 (6.15)	17 (26.15)	44 (67.69)
2	Amoxyclav (AMC)	3 (4.61)	22 (33.84)	40 (61.53)
3	Ampicillin (AMP)	36 (55.38)	19 (29.23)	10 (15.38)
5	**Cefixim (SF)**	30 (46.15)	3 (4.61)	25 (38.46)
6	**Cefoperazon (CP)**	30 (46.15)	19 (29.23)	16 (24.61)
7	**Cefotaxim (CTX)**	29 (44.61)	21 (32.3)	15 (23)
8	**Ceftazidim (CAZ)**	35 (53.84)	20 (30.76)	15 (23)
9	**Ceftizoxim (CI)**	20 (30.76)	15 (23)	30 (46.15)
10	**Ceftriaxon (CTR)**	40 (61.53)	15 (23)	10 (15.38)
12	Gentamycin (GEN)	5 (7.69)	25 (38.46)	35 (53.84)
13	Levofloxacin (LE)	8 (12.30)	15 (23)	42 (64.61)
14	Nalidixinsäure (NA)	35 (53.84)	18 (27.69)	12 (18.46)
15	Norfloxacin (NX)	25 (38.46)	20 (30.76)	20 (30.76)
16	Ofloxacin (ZN)	10 (15.38)	5 (7.69)	50 (76.92)
17	Piperacillin (PC)	8 (12.30)	20 (30.76)	37 (56.92)
19	Tetracyclin (TE)	9(13.84)	6 (9.23)	50 (76.92)

Tabelle 5: Vergleich der Empfindlichkeit gegenüber Cephalosporinen zwischen ESBL-produzierenden (n=13) und nicht ESBL-produzierenden (n=15) Isolaten (Gesamtisolate n=65).

Sr. Nein.	Antimikrobielle Mittel	ESBL	Erzeuger		Nicht	ESBL-Hersteller	
		R (%)	I (%)	S (%)	R (%)	I (%)	S (%)
1	Cefixim (SF)	10 (15.3)	3 (4.6)	0	0	3 (20)	12 (18.4)
2	Cefoperazon (CP)	11 (16.9)	2 (3)	0	0	2 (3)	13 (20)
3	Cefotaxim (CTX)	12 (18.4)	1 (1.5)	0	0	1(1.5)	14 (21.5)
4	Ceftazidim (CAZ)	12 (18.4)	1 (1.5)	0	0	1 (1.5)	14 (21.5)
5	Ceftixozim (Cl)	10 (15.3)	3 (4.6)	0	0	2 (3)	13 (20)
6	Ceftriaxon (CTR)	13 (20)	0	0	0	1(1.5)	14 (21.5)

3.5   Doppelter Plattensynergietest (DDST)

Beim Standard-Doppelscheiben-Synergietest (DDST) als Screening-Methode zur Identifizierung potenzieller ESBL-Produzenten erwies sich Ceftriaxon als das wirksamste antimikrobielle Mittel beim Screening von Isolaten als potenzielle ESBL-Produzenten, gefolgt von Ceftazidim. Bei diesem Test wurde eine Scheibe mit Amoxicillin-Clavulanat (AMC) in der Nähe von Scheiben mit den Antibiotika Cefotaxim, Ceftazidim, Ceftriaxon und Cefoperazon platziert. Die Ergebnisse zeigten, dass das Clavulanat in der Amoxicillin-Clavulanat-Scheibe durch den Agar diffundierte und die β-Lactamase hemmte, die die Ceftriaxon-Scheibe umgab. Die Vergrößerung der Hemmzone eines der getesteten Cephalosporine der dritten Generation auf der der Amoxicillin-Clavulanat-Scheibe zugewandten Seite wurde als positiver Test auf ESBL gewertet (Abb. 3.6 (a,b)). 8 (12,3%) E.coli-Isolate wurden durch diesen Doppelscheiben-Synergietest (DDST) als ESBL-Produzenten bestätigt. Diese Methode ist technisch einfach und kostengünstig (Gaurav Dalela., 2012). In der von Patrick Mutharia (2012) durchgeführten Studie wurden 90 % der 30 ESBL-produzierenden Isolate durch den DDST unter Verwendung der Antibiotika Cefotaxim

(Ce), Ceftriaxon (Ci) und Ceftazidim (Ca) nachgewiesen, die der vorliegenden Studie ähnlich sind. In einer anderen Studie von Anuradha *et al.* (2012) wurden 43,5 % der ESBL-produzierenden Isolate mit DDST gefunden.

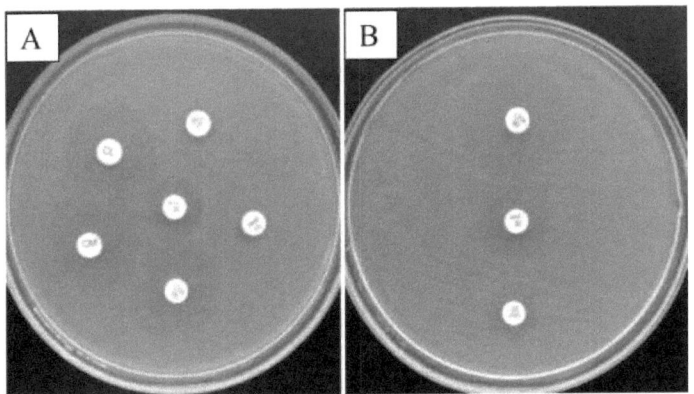

Abb. 3.7: Doppelter Scheibensynergietest (DDST) (a): zeigt die Vergrößerung der Zone gegenüber Amoxyclav-Scheibe durch Ceftriaxon (CTR) und Ceftriaxon/Sulbactam, (b): zeigt die Vergrößerung der Zone gegenüber der Amoxyclav-Scheibe durch Ceftriaxon (CTR).

3.6 Doppelscheiben-Diffusionstest (DDDT)

Der Doppelscheiben-Diffusionstest (DDDT) ist ein phänotypischer Bestätigungstest für ESBL-produzierende Isolate. Dabei wurde eine Kombination von Antibiotika mit und ohne Inhibitor verwendet. Die ESBL-produzierenden Isolate zeigten auf der Scheibe, die das Antibiotikum und den Hemmstoff enthielt, eine Zonengröße von mehr als 5 mm im Vergleich zu der Scheibe, die nur das Antibiotikum (ohne Hemmstoff) enthielt. Clavulansäure war der beste Hemmstoff für ESBL-produzierende Isolate (Abb. 3.7). 10 (15,38 %) *E.coli*-Isolate wurden durch diesen phänotypischen bestätigenden Doppelscheiben-Diffusionstest (DDDT) als ESBL-Produzenten bestätigt, 2013 unter Verwendung von Ceftazidim (Ca) und Ceftazidim/Clavulansäure (Ca/Cac) Antibiotikascheiben durchgeführt und festgestellt, dass ESBL-produzierende Isolate eine Zonengröße von mehr als 5 mm in der Scheibe mit Ceftazidim/Clavulansäure (Ca/Cac) im Vergleich zu Ceftazidim (Ca) aufweisen, was mit der vorliegenden Studie übereinstimmt, aber in der vorliegenden Studie wurden andere Antibiotika für den DDDT verwendet, d. h. Ceftriaxon (CTR), Cefoperazon (CP) und Ceftriaxon/Sulbactam (CL), Cefoperazon/Sulbactam (CM).

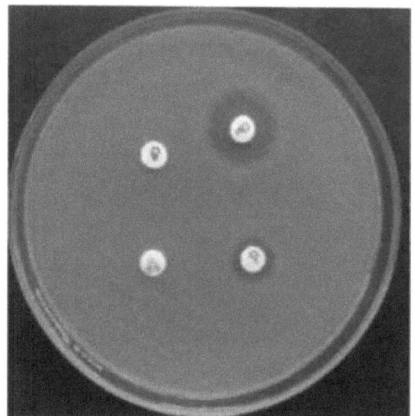

Abb. 3.8: Phänotypischer Bestätigungstest, Doppelscheiben-Diffusionstest (DDDT) eines ESBL-produzierenden Isolats, der eine Zonengröße von mehr als 5 mm in der Scheibe mit Ceftriaxon/Sulbactam (CL) und Cefoperazon/Sulbactam (CM) (d. h. Antibiotika mit Hemmstoff) im Vergleich zu Ceftriaxon (CTR) und Cefoperazon (CP) allein (d. h. Antibiotika ohne Hemmstoff) zeigt.

Von 150 klinischen Proben wurden 65 *E.coli* aus Urin (50) und Eiter (15) isoliert, von denen 28 (43 %) Isolate positiv auf ESBL-Produktion getestet wurden. Davon waren nur 13 (20%) Isolate ESBL-Produzenten und 15 (23%) Isolate waren keine ESBL-Produzenten (Tabelle 6). In der Studie von Nain und Desai, March. (2012) erwiesen sich 66 % der Isolate als ESBL-Produzenten, wenn sie mit der Kombination Cefotaxim/Clavulansäure (Ce/Cec) und 63 % mit der Kombination Ceftazidim/Clavulansäure (Ca/Cac) getestet wurden. Tankhiwala *et al.* (2004) berichteten über 48,3 % und Ritu Aggarwal *et al.* (2009) über 40 % ESBL-produzierende *E.*coli-Isolate, die höher waren als in der vorliegenden Studie.

Tabelle 6: Ergebnisse der ESBL-bildenden *E.*coli-Isolate in Urin- und Eiterproben (n=65)

Sr. Nr.	Quelle für die Isolierung	*E.*coli- Isolate Nr.	*E.coli* Positiv gescreent n (%)	ESBL- Hersteller n (%)	Nicht-ESBL- Erzeuger n (%)
1	Urin	50	23 (35.38)	11 (16.92)	12 (18.46)
2	Eiter	15	5 (7.69)	2 (3.07)	3 (4.61)
Insgesamt		**65**	**28 (43)**	**13 (20)**	**15 (23)**

Zusammenfassung und Schlussfolgerung

-1- In der vorliegenden Studie wurde festgestellt, dass ESBL-positive Isolate ein hohes Maß an Multiresistenz aufweisen und die Prävalenz von ESBL-produzierenden *E.coli* hoch ist. Daher schlagen wir vor, dass ein routinemäßiges Screening auf ESBL bei allen Isolaten durchgeführt werden sollte, die eine verminderte Empfindlichkeit gegenüber einem oder mehreren Cephalosporinen der zweiten und dritten Generation aufweisen.

-2- Das Auftreten von Bakterien, die Extended-Spectrum-Beta-Lactamase (ESBL) produzieren, insbesondere *E. coli*, ist heute ein entscheidender Faktor bei der Entwicklung von Therapien gegen bakterielle Infektionen, insbesondere Harnwegsinfektionen und nosokomiale Infektionen.

-3- Das Auftreten dieser ESBLs bei Mitgliedern der Familie der Enterobacteriaceae wird weltweit zunehmend gemeldet. ESBL ist das Enzym, das hauptsächlich für den Abbau von Antibiotika verantwortlich ist und gegen die gegen Bakterien eingesetzten Antibiotika resistent ist.

-4- ESBL wird hauptsächlich von vielen gramnegativen Bakterien produziert. E. coli ist einer der häufigsten und besonders besorgniserregenden Organismen unter den ESBL-produzierenden Mikroben, die für die Verursachung von Infektionen beim Menschen verantwortlich sind, insbesondere Harnwegsinfektionen (UTIs).

-5- Darüber hinaus sind resistente *E.*coli-Stämme in der Lage, Antibiotikaresistenzdeterminanten nicht nur auf andere *E.coli-Stämme*, sondern auch auf andere Bakterien im Magen-Darm-Trakt zu übertragen. Daher ist die Produktion des Enzyms Beta-Lactamasen eine der Strategien, die Bakterien anwenden, um eine Resistenz gegen die Beta-Lactam-Klasse von Antibiotika zu entwickeln.

-6- Die ESBLs sind häufig plasmidkodiert. Die für die ESBL-Produktion verantwortlichen Plasmide tragen häufig Gene, die für die Resistenz gegen andere Arzneimittel kodieren. Beta-Laktamasen sind Serinproteasen, die die Hydrolyse der Beta-Laktam-Bindung katalysieren und damit Beta-Laktam-Antibiotika inaktivieren, darunter Penicillin, Cephalosporine der dritten Generation, Monobactame, Aztreonam mit Ausnahme von Carbapenemen oder Cefamycinen.

-7-Daher sind die antibiotischen Optionen für die Behandlung von ESBL-bildenden *E. coli* äußerst begrenzt. Die ESBL werden durch Beta-Laktamase-Inhibitor-Kombinationen (BLIs) wie Clavulansäure, Sulbactam und Tazobactam gehemmt.

-8-Daher ist jeder *E.coli-Stamm*, der gegen Cephalosporine der dritten Generation, Penicilline usw. resistent, aber empfindlich gegen eine Kombination aus Beta-Lactam und Beta-Lactam-Inhibitor (BL/BLI) ist, wahrscheinlich ESBL-haltig. Die erste Plasmid-vermittelte Beat-Lactamase: TEM-1 (Temoniera-1) wurde 1965 von einem *E. coli* berichtet, der aus einer Urinprobe (Harnwegsinfektion) eines Patienten in Griechenland isoliert wurde. Seitdem hat sich die TEM-1 Beta-Lactamase weltweit in verschiedenen Bakterienarten verbreitet.

-9-Das Clinical Laboratory Standards Institute (CLSI) empfiehlt ein Screening auf ESBL-Produktion bei *E. coli* und *K. pneumoniae*. Der Nachweis von ESBL-produzierenden Organismen in Proben wie Urinproben kann wichtig sein, da dies ein epidemiologischer Marker für die Kolonisierung ist und daher die Möglichkeit besteht, dass solche Organismen auf andere übertragen werden. Diese Infektionen haben erhebliche Auswirkungen auf die Sterblichkeit der Patienten und stellen eine zusätzliche finanzielle Belastung dar.

-10- Der Nachweis von ESBL-bildenden Organismen ist eine Herausforderung für Labors, da die Routinemethoden der Antibiotika-Empfindlichkeitsprüfung nicht empfindlich genug sind, um sie nachzuweisen. ESBL kann durch Scheibendiffusion, dreidimensionale Agartests, automatische Schnellsysteme, E-Tests und PCR nachgewiesen werden. Das Hauptziel dieser Studie war der Nachweis der ESBL-Produktion durch *E. coli* oder ESBL-produzierende *E. coli*, die aus klinischen Proben isoliert wurden.

-11- In der vorliegenden Studie wurden 150 klinische Proben aus dem Labor des Rotary L.G. Hariya Krankenhauses und dem Devanshi-Labor in Vapi von Patienten, die sowohl im Haus als auch im Freien behandelt wurden, entnommen. 65 *E.coli* wurden aus Urin (n=50) und aus Eiter (n=16) isoliert, keine *K.pneumoniae* wurden isoliert. Es wurden mehr *E.coli-Isolate* von Frauen (n=40) als von Männern (n=25) isoliert, die an symptomatischen Harnwegsinfektionen litten.

-12- Das Alter der Patienten lag zwischen 5 und 60 Jahren, das Durchschnittsalter der Patienten zwischen 25 und 28 Jahren. Alle klinischen Proben wurden zunächst auf Mac-Conkey-Agar-Medien inkubiert und am nächsten Tag auf Kolonieeigenschaften untersucht.

-13- Diese 80 Isolate, die Lektose fermentierende, flache, trockene, rosa gefärbte Kolonien aufwiesen, wurden später mit Hilfe von Gram-Färbung, Motilität, EMB-Agarplatte und verschiedenen biochemischen Medien charakterisiert. Von den 80 Isolaten wurden 65 Isolate als *E.coli* charakterisiert.

-14- Antibiotika-Empfindlichkeitstests wurden mit 65 *E*.coli-Isolaten durchgeführt. Die Isolate, die eine Resistenz gegen ein oder mehrere Antibiotika aufwiesen, wurden auf ESBL-Nachweis untersucht. Für das Screening von ESBL-bildenden *E*.coli-Isolaten wurden Cephalosporine der zweiten und dritten Generation verwendet. 28 (43 %) E.coli-Isolate wurden positiv getestet.

-15- Die *E*.coli-Isolate, die beim Screening eine Resistenz gegen eines der Cephalosporine aufwiesen, wurden als ESBL-Produzenten eingestuft und mit Hilfe des Doppelscheiben-Synergietests (DDST) und des phänotypischen Bestätigungstests, d. h. des Doppelscheiben-Diffusionstests (DDDT), weiter bestätigt.

-16- Bei der DDST wurde Clavulansäure (Amoxyclav) in der Mitte der Platte platziert und andere Cephalosporin-Antibiotika wurden im Abstand von 15 mm platziert. Die Vergrößerung der Zone gegenüber der Amoxyclav-Scheibe durch eines der Cephalosporine gilt als ESBL-Produzent.

-17- Bei der DDDT wurden Antibiotikascheiben mit und ohne Clavulansäure verwendet, wobei Clavulansäure als ESBL-Inhibitor wirkt. Die Zunahme der Zonengröße (mehr als 5 mm) um die Antibiotikascheibe mit Clavulansäure im Vergleich zur Antibiotikascheibe ohne Clavulansäure gilt als ESBL-Produzent.

-18- Von den 65 *E*.coli-Isolaten wurden nur 8 (12,3 %) Isolate durch DDST und 10 (15,3 %) Isolate durch DDDT als ESBL-Produzenten bestätigt. Insgesamt 13 (20 %) E.coli-Isolate waren ESBL-Produzenten und 15 (23 %) *E*.coli-Isolate waren Nicht-ESBL-Produzenten. Die Häufigkeit von ESBL-produzierenden *E.coli* ist in der vorliegenden Studie in Urinproben höher.

-19- ESBL breitet sich in der Gemeinschaft schnell aus und ist für in der Gemeinschaft erworbene ESBL verantwortlich, wobei die meisten aus Urinproben stammen. Die Überwachung der ESBL-Produktion und die Prüfung der Empfindlichkeit gegenüber antimikrobiellen Mitteln sind notwendig, um diese zunehmend resistenten Erreger einzudämmen, und es ist notwendig, die Methoden zum Nachweis von ESBL zu verbessern.

Referenzen

1. Abraham E.P., Newton G.G.F., Crawford K., Burton H.S., Hale C.W. Cephalosporin- NA new type of penicillin; *Nature* 1953; **4347:43**.

2. Akram S.M. Ätiologie und Antibiotikaresistenzmuster von gemeinschaftlich erworbenen Harnwegsinfektionen im JNMC Hospital Aligarh, Indien; *Ann. Clin, Microbiol, Antimicrob.* 2007; **6:4**.

3. Al Benwan K., Al Sweih N., Rotimi V.O. Etiology and antibiotic susceptibility patterns of community- and hospital-acquired urinary tract infections in a general hospital in Kuwait; *J. Infect Dis.* 2009; **19(6):440-46**.

4. Alobwede I., Mzali F.H., Livermore D.M., Hentige J., Todd N. und Hawkey P.M. CTX- M extended-Spectrum beta -Lactamase arrives in UK; *J. Antimicrob Chemother.* 2003; **51:460-471**.

5. Alsterlund R., Carlsson B., Gezelius L., Haeggman S., Olsson-L.B. Multiresistente CTX- M-15 ESBL-produzierende Escherichia coli in Südschweden: Description of an outbreak; *J. Infect Dis.* 2009; **41(6-7):410-15**.

6. Ambler R.P. The structure of beta-lactamases; R. *Soc. Lond Biol Sci.* 2008; **16(289):321- 31**.

7. Andes D.C., Cephalosporins W., Mandell G.L., Douglas R.G., Bennett J.E., Dolin R., Editors, New York City: *Elsevier/Churchill Livingstone.* 2009: **1240-48**.

8. Baraniak A., Fiett J., Hryniewicz W., Nordmann P., Gniadkowski M. Ceftazidimhydrolysing CTX-M-15 extended-spectrum beta-lactamase (ESBL) in Poland; *J. Antimicrob Chemother.* 2002; **50(3): 393-96**.

9. Bauernfeind A., Stemplinger I., Jungwirth R., Mangold P., Mann S.A., Akalin E., Ary O., Bal C. und Casellas J.M. Characterization of beta- lactamase gene bla PER-2 which encodes an extended-spectrum class A beta-lactamase, Antimicrob Agent Chemother; *J. Antimicrob Chemother.* 2006; **58(1):211-15**.

10. Blomberg B., Jureen R., Manji K.P., Tamim B.S., Mwakagile D.S., Urassa W.K. High rate of fatal cases of pediatric septicemia caused by gram-negative bacteria with extended-spectrum beta-lactamases in Dares Salaam; *J. Clinical Microbiol.* 2005; **43(2):745-49**.

11. Blomberg B., Jureen R., Manji K.P., Tamim B.S., Mwakagile D.S.M., Urassa W.K., Fataki M., Msangi V., Tellevik M.G., Maselle S.Y., and Langeland N. High Rate of Fatal Cases of Pediatric Septicemia Caused by Gram-Negative Bacteria with Extended- Spectrum Beta-Lactamases in Dar es Salaam, Tanzania; *J. Clin Microbiol.* 2005; **43(2): 745-49**.

12. Boniece W.S., Wick W.E., Holmes D.H., Redman C.E. In vitro and in vivo laboratory evaluation of cephalothin, A new broad spectrum antibiotic; *J. Bacteriol.* 1962; **84:129296**.

13.	Bonnet R. Growing group of extended spectrum: the CTX-M enzymes; *Antimicrob Agent Chemother.* 2004; **48:1-14**.

14.	Brandl E., Giovannini M., Margreiter H. Studies on the acid stable, oral efficacious phenoxymethylpenicillin (penicillin V); *Wien Med. Wochenschr.* 1953; **103(33-34):602- 7**.

15.	Brunton J., Clare D., Meier M.A. Molecular epidemiology of antibiotic resistance plasmids of Haemophilus species and Neisseria gonorrhoeae; *Rev Infect Dis.* 1986; **8(5):713-24**.

16.	Bush K., Jacoby G.A. und Medeiros A.A. A functional classification Scheme of betaLactamases and its correlation with molecular structure; *Antimicrob Agents Chemother.* 1998; **39:1211-33**.

17.	Canton R., Novais A., Valverde A., Machado E., Peixe L., Baquero F. Prevalence and spread of extended-spectrum beta-lactamase-producing Enterobacteriaceae in Europe; *Clin. Microbiol Infect.* 2008; **14:144-53**.

18.	Cars O., Molstad S., Melander A. Variation in antibiotic use in the European Union; *Clin. Microbiol Infect.* 2001; **357(9271):1851-63**.

19.	Casewell M., Phillips I. Hands as route of transmission for Klebsiella species. Br Med Cefuroxime versus Ampicillin und Chloramphenicol für die Behandlung von bakterieller Meningitis; *Swedish Study Group, Lancet.* 1982; **1(8267):295-99**.

20.	Chaudhary U., Aggarwal R. Extended spectrum beta lactamases (ESBL) - An emerging threat to clinical therapeutics; *Indian Journal of Medical Microbiology* 2004: **22(2):75- 80**.

21.	CLSI. Performance Standards for Antimicrobial Susceptibility Testing, Twentieth Informational Supplement; *Clinical and Laboratory Standards Institute* 2010: **127**.

22.	Daniel F., Hall L.M.C., Gur D., Livermore D.M. OXA-14 another extended-spectrum variant of OXA-10(PSE-2) β-Lactamase from *Pseudomonas aeruginosa*; *Antimicrob Agent Chemother.* 1995; **41:785-90**.

23.	Donnenberg M.S. Enterobacteriaceae. In Grundsätze und Praxis der Infektionskrankheiten. *Editors*. 2009: **2815-33**.

24.	Ensor V.M., Shahid M., Evans J.T., Hawkey P.M. Occurrence, prevalence and genetic environment of CTX-M beta-lactamases in Enterobacteriaceae from Indian hospitals; *J. Antimicrob Chemother.* 2006; **58(6):1260-73**.

25.	Farkosh M.S. Extended-Spectrum Betalactamase Producing Gram Negative; *J. Antimicrob Chemother.*2007: **11:147-98**.

26.	Friedman N.D., Kaye K.S., Stout J.E., McGarry S.A., Trivette S.L., Briggs J.P. Health care-associated bloodstream infections in adults: a reason to change the accepted definition of community-acquired infections; *Ann Intern Med.* 2002; **137(10):791-97**.

27.   Galani I., Souli M., Chryssouli Z., Katsala D., Giamarellou H. Erstmalige Identifizierung eines klinischen *Escherichia* coli-Isolats, das sowohl Metallobeta-Laktamase VIM-2 als auch Extended-Spectrum Beta-Laktamase IBC-1 produziert; *Clin. Microbiol.* 2004; **10:757-60.**

28.   Gaurav D. Prevalence of Extended Spectrum Beta-Lactamase (ESBL) Producers among Gram Negative Bacilli from Various Clinical Isolates in a Tertiary Care Hospital at Jhalawar, Rajasthan, Indian; *J. Clin.Diagnostic.* 2012; **6(2):182-87.**

29.   Hanson N.D., Thomson K.S., Moland E.S., Sanders C.C., Berthold G., Penn P.G. Molecular chacterization of a multiply resistant *Klebsiella pneumoniae* encoding ESBLs and a plasmid mediated AmpC; *Journal of Antimicrobial Chemotherapy* 1999; **44(3):377-80.**

30.   Hasan A.S., Nair D. Resistenzmuster von Urinisolaten in einem indischen Tertiärkrankenhaus; *J. Ayub. Med, Coll, Abbottabad.* 2007; **19(1):39-41.**

31.   Hawkey P.M. Prevalence and clonality of extended-spectrum beta-lactamases in Asia; *Clin Microbiol Infect.* 2008; **14:159-65.**

32.   Holten K.B., Onusko E.M. Angemessene Verschreibung von oralen Beta-Lactam-Antibiotika; *American Family Physician.* 2000; **62:611-20.**

33.   Jacoby G.A. und Medeiros A.A. More extended- spectrum β-Lactamase, Antimicrob; *Agent Chemother.* 1991; **35:1697-1704.**

34.   Jacoby G.A., Medeiros A.A., O.Brien T.F., Pinto M.E., Jiang H. Broad-spectrum, transmissible beta-lactamases; *Journal Medcine.* 1988; **319:723-24.**

35.   Japoni A., Farshad S., Alborzi A. *Pseudomonas aeruginosa*: Burn Infection, Treatment and Antibacterial Resistance; *Iranian Red Crescent Medical Journal.* 2009; **11(3):244- 53.**

36.   Jiang X., Ni Y., Jiang Y., Yuan F., Han L., Li M., Liu H., Yang L., Lu Y. Ausbruch einer durch Enterobacter cloacae verursachten Infektion, die die neuartige VEB-3 Beta-Lactamase produziert, in China; *J. Clin Microbiol.* 2005; **43(2):826-31.**

37.   Jones R.N., Thornsberry C., Barry A.L., Fuchs P.C., Gavan T.L., Gerlach E.H. Piperacillin (T-1220), a new semisynthetic penicillin: in vitro antimicrobial activity comparison with carbenicillin, ticarcillin, ampicillin, cephalothin, cefamandole and cefoxitin; *J. Antibiot* 1977; **30(12):1107-14.**

38.   Jouvenot M., Deschaseaux M.L., Royez M., Mougin C., Cooksey R.C., Michel B.Y. und Adessi G.L. Molecular hybridization versus isoelectric focusing to determine TEM type P-lactamases in gram-negative bacteria; *Antimicrob Agents Chemother.* 1987; **31:30005.**

39.   Karim A., Poirel L., Nagarajan S., Nordmann P. Plasmid-vermittelte Beta-Lactamase mit erweitertem Spektrum (CTX-M-3 like) aus Indien und Genassoziation mit der Insertionssequenz ISEcp1, FEMS; *Microbiol Lett.* 2001; **201(2):237-41.**

40.   Khanfar H.S., Bindayna K.M., Senok A.C., Botta G.A. Extended spectrum

betalactamases (ESBL) in *Escherichia coli* und *Klebsiella pneumoniae*: trends in the hospital and community settings; *J. Infect Dev Ctries.* 2009; **3(4):295-99**.

41. Kilebe C., Niles B.A., Meyer J.F., Toledorf-Neutzling R.M., Weidman B. Evolution of plasmid-coded resistance to broad spectrum cephalosporins; *Antimicrob Agent Chemother.* 1985; **28:302-07**.

42. Kirby W.M.M. Extraction of a highly potent penicillin inactivator from penicillin resistant staphylococci; *Science.* 1944; **99(2579):452-63**.

43. Kohanski M.A., Dwyer D.J., Hayete B., Lawrence C.A., Collins J.J. A common mechanism of cellular death induced by bactericidal antibiotics; *Cell* 2007; **30(5):797-810**.

44. Kotra L.P., Samama J., Mobashery S. Beta-Laktamasen und Resistenz gegen Betalaktam-Antibiotika. *Zelle* 2002; **123-60**.

45. Kumarasamy K.K., Toleman M.A., Walsh T.R., Bagaria J., Butt F., Balakrishnan R. Emergence of a new antibiotic resistance mechanism in India, Pakistan and the UK: a molecular, biological, and epidemiological study; *Lancet Infect Dis.* 2002; **10(9):597- 602**.

46. Lytsy B., Sandegren L., Tano E., Torell E., Andersson D.I., Melhus A. The first major extended-spectrum beta-lactamase outbreak in Scandinavia was caused by clonal spread of a multiresistant Klebsiella pneumoniae producing CTX-M-15; *APMIS* 2008; **116(4):302-8**.

47. Mathai D., Rhomberg P.R., Biedenbach D.J., Jones R.N. Evaluation of the *in vitro* activity of six broad-spectrum beta-lactam antimicrobial agents tested against recent clinical isolates from India: a survey of ten medical center laboratories; *Diagn Microbiol Infect Dis.* 2002; **44(4):367-77**.

48. Medeiros A.A. Nosocomial outbreaks of multi resistant bacteria: extended spectrum beta-lactamases have arrived in North America; *Ann Intern Med.* 1993; **119: 428-30**.

49. Metri B.C., Jyothi P., Peerapur B.V. The Prevalence of ESBL among Enterobacteriaceae in a Tertiary Care Hospital of North Karnataka, India; *J. Clin Diagnostic.* 2011; **5(3):470-75**.

50. Mohamed Al-Agamy M.H., El-Din Ashour M.S., Wiegand I. First description of CTXM beta-lactamase-producing clinical Escherichia coli isolates from Egypt; *Int J. Antimicrob Agents.* 2006; **27(6):545-48**.

51. Morgan D.J., Okeke I.N., Laxminarayan R., Perencevich E.N., Weisenberg S. Non prescription antimicrobial use worldwide: a systematic review; *Lancet Infect Dis.* 2006; **11(9):692-701**.

52. Mshana S.E., Kamugisha E., Mirambo M., Chakraborty T., Lyamuya E.F. Prevalence of multiresistant gram-negative organisms in a tertiary hospital in Mwanza, Tanzania; *BMC.* 2009; **2:49**.

53.   Muggleton P.W., O'Callaghan C.H., Stevens W.K. Laboratory evaluation of a New Antibiotic--Cephaloridine (Ceporin); *Br Med J.* 1964; **2(5419):1234-37.**

54.   Nasa P., Juneja D., Singh O., Dang R., Singh A. An observational study on bloodstream extended-spectrum beta-lactamase infection in critical care unit: incidence, risk factors and its impact on outcome; *Eur J. Intern.* 2002; **23(2):192-95.**

55.   Nicolas-Chanoine M.H., Blanco J., Leflon-Guibout V., Demarty R., Alonso M.P., Canica M.M. Intercontinental emergence of Escherichia coli clone O25:H4-ST131 producing CTX-M-15; *J. Antimicrob Chemother.* 2008; **61(2):273-81.**

56.   Nuesch-Inderbinen M.T., Kayser F.H., Hachler H. Survey and molecular genetics of SHV β-lactamases in Enterobacteriaceae in Switzerland: two novel enzymes, SHV-11 and SHV-12; *Antimicrob Agents Chemother* 1997; **41:943-49.**

57.   Odenholt I., Isaksson B., Nilsson L., Cars O. Postantibiotische und bakterizide Wirkung von Imipenem gegen Pseudomonas aeruginosa; *Eur J. Clin. Microbiol Infect. Dis.* 1989; **8(2):136-41.**

58.   Onishi H.R., Daoust D.R., Zimmerman S.B., Hendlin D., Stapley E.O. Cefoxitin, a semisynthetic cephamycin antibiotic: resistance to beta-lactamase inactivation; *Antimicrob Agents Chemother.* 1974; **5(1):38-48.**

59.   Onnberg A., Molling P., Zimmermann J., Soderquist B. Molecular and phenotypic characterization of Escherichia coli and Klebsiella pneumoniae producing extended spectrum beta-lactamases with focus on CTX-M in a low-endemic area in Sweden; *APMIS.* 2007; **119(4-5):287-95.**

60.   Oteo J., Navarro C., Cercenado E., Delgado-Iribarren A., Wilhelmi I., Orden B. Spread of Escherichia coli strains with high-level cefotaxime and ceftazidime resistance between the community, long-term care facilities and hospital institutions; *J. Clin Microbiol.* 2006; **44(7):2359-66.**

61.   Paterson D.L., Bonomo R.A. Extended-spectrum beta-lactamases: a clinical update; *Clin, Microbiol.* 2005; **18(4):657-86.**

62.   Peirano G., Pitout J.D.D. Molecular epidemiology of Escherichia coli producing CTX-M â Lactamases: worldwide emergence of clone ST131 O25:H4; *International Journal of Antimicrobial Agents.* 2010; **35:316-21.**

63.   Perez F., Endimiani A., Hujer K.M., Bonomo R.A. The continuing challenge of ESBLs; *Current Opinion in Pharmacology.* 2007; **7(5):459-69.**

64.   Perry J.D., Naqvi S.H., Mirza I.A., Alizai S.A., Hussain A., Ghirardi S. Prevalence of faecal carriage of Enterobacteriaceae with NDM-1 carbapenemase at military hospitals in Pakistan, and evaluation of two chromogenic media; *J. Antimicrob Chemothe.* 2003; **66(10):2288-94.**

65.   Pfaller M.A., Segreti J. Overview of the epidemiological profile and laboratory detection of extended-spectrum beta-lactamases; *Clin Infect Dis.* 2006; **15(42):153-63.**

66.   Philippon A., Labia R., Jacoby G. Extended-spectrum β-Lactamases;

Antimicrob Agents Chemother. 1989; **33:1131-36.**

67. Podschun R., Ullman U., *Klebsiella* spp. as Nosocomial Pathogens: Epidemiologie, Taxonomie, Typisierungsmethoden und Pathogenitätsfaktoren; *Klinische Mikrobiologie.* 1998; **589-603.**

68. Poirel L., Naas T., Guibert M., Chaibi E.B., Labia R. und Nordmann P. Molekulare und biochemische Charakterisierung von VEB-1, einer neuartigen Betalaktamase der Klasse A mit erweitertem Spektrum, die von einem *Escherichia* coli-Intergron-Gen kodiert wird; *Antimicrob Agent Chemother.* 1999; **43:573-81.**

69. Poirel L., Rotimi V.O., Mokaddas E.M., Karim A., Nordmann P. VEB-1-like extended- spectrum beta-lactamases in Pseudomonas aeruginosa, Kuwait; *Emerg Infect Dis.* 2001; **7(3):468-70.**

70. Rasko D.A., Rosovitz M.J., Myers G.S., Mongodin E.F., Fricke W.F., Gajer P. The pangenome structure of Escherichia coli: comparative genomic analysis of *E. coli* commensal and pathogenic isolates; *J. Bacteriol.* 2008; **190(20):6881-93.**

71. Reynaud A., Péduzzi J., Barthélémy M., Labia R. Cefotaximehydrolyzing activity of the β-lactamase of Klebsiella oxytoca D488 could be related to a threonine residue at position 140; *Microbiol Lett.* 1991; **81:185-92.**

72. Rice L.B., Willey S.H., Papanicolaou G.A., Medeiros A.A., Eliopoulos G.M., Moellering R.C. Outbreak of ceftazidime resistance caused by extended-spectrum betalactamases at a Massachusetts chronic-care facility; *Antimicrob Agents Chemother.* 1990; **34(11):2193-99.**

73. Ritu A., Uma C., Rama S. Detection of Extended Spectrum -Lactamase Production among Uropathogens; *Journal of Laboratory Physicians.* 2007; **(1):7-10.**

74. Samaha-Kfoury J.N., Araj G.F. Recent developments in a lactamases and extended spectrum a lactamases; *Bairut Medical Journal.* 2003; **327(22):1209-13.**

75. Shahanara B., Md Abdus S., Kh Faisal A., Nurjahan B., Pervez H. und Jalaluddin A.H. Detection of extended spectrum -lactamase in Pseudomonas spp. isolated from two tertiary care hospitals in Bangladesh; *Biomedcentral.* 2013; **6:7.**

76. Shukla I., Tiwari R., Agrawal M. Prevalence of extended spectrum-lactamases producing *K. pneumonie* in a tertiary care hospital; *Indian J. Med Microbiol* 2004; **22:87-91.**

77. Sougakoff W., Goussard S., Courvalin P. The TEM-3 β-lactamase, which hydrolyses broad-spectrum cephalosporins, is derived from the TEM-2 penicillinase by two amino acid substitutions; *FEMS Microbiol Lett.* 1988; **56:343-48.**

78. Tankhiwale S.S., Jalgaonkar S.V. Evaluation of extended spectrum beta-lactamases in urinary isolates; *Indian J. Med.* 2004; **120(6):1005-8.**

79. Tawfik A.F., Alswailem A.M., Shibl A.M., Al-Agamy M.H. Prevalence and genetic characteristics of TEM, SHV and CTX-M in clinical Klebsiella pneumoniae

isolates from Saudi Arabia; *Microbiol Lett.* 2004; **17(3):383-88**.

80. Tenaillon O., Skurnik D., Picard B., Denamur E. The population genetics of commensal *Escherichia coli; J. Bacteriol* 2002; **8(3):207-17**.

81. Toder D.S., Gambello M.J., Bacterial resistance to Antibiotic in Toders Online Textbook of Bacteriology, Kinneth Toder Unerversity of Wisconsin- Medison. *Abteilung für Bakteriologie* 2008; **121**.

82. Tumbarello M., Spanu T., Sanguinetti M., Citton R., Montuori E., Leone F. Bloodstream infections caused by extended-spectrum-beta-lactamase-producing *Klebsiella pneumoniae*: risk factors, molecular epidemiology, and clinical outcome; *Antimicrob Agents Chemother.* 2006; **50(2):498-504**.

83. Ulises G.R., Esperanza M.R., Jesús S.S. SHV-type Extended-spectrum β-lactamase (ESBL) are encoded in related plasmids from enterobacteria clinical isolates from Mexico; *Salud Publica Mex.* 2007; **49:415-21**.

84. Uma C., Hemlata B., Madhu S. Imipenem- EDTA disk method for rapid identification of metallo-lactamase producing Gram-negative bacteria; *Indian J. Med.* 2008; **406-07**.

85. Umadevi S., Kandhakumari G., Joseph N.M., Kumar S., Easow J.M., Stephen S. und Singh U.K.. Prevalence and antimicrobial susceptibility pattern of ESBL producing Gram Negative Bacilli; *J. Clin Diagnostic.* 2011; **5(2): 236-39**.

86. Vahaboglu H., Ozturk R., Aygun G., Coskunkan F., Yaman A., Kaygusuz A. Widespread detection of PER-1-type extended-spectrum beta- lactamases among nosocomial Acinetobacter and Pseudomonas aeruginosa isolates in Turkey: a nationwide multicenter study; *Antimicrob Agents and Chemother.* 1997; **41:2265-69**.

87. Woodruff H.B., Foster J.W., Microbiological Aspects of Penicillin; *Journal of Bacteriology.* 1945; **49(1): 19-29**.

Printed by Books on Demand GmbH, Norderstedt / Germany